农家少年
应当知道的 100 种 海洋生物

杨立敏　主编

中国海洋大学出版社

·青岛·

图书在版编目（CIP）数据

农家少年应当知道的 100 种海洋生物/杨立敏主编

. 一青岛：中国海洋大学出版社，2014. 4（2021.7 重印）

ISBN 978-7-5670-0576-1

Ⅰ. ①农… Ⅱ. ①杨… Ⅲ. ①海洋生物－少年读物

Ⅳ. ① Q178. 53-49

中国版本图书馆 CIP 数据核字（2014）第 064127 号

出版发行	中国海洋大学出版社			
社　　址	青岛市香港东路 23 号		邮政编码	266071
出 版 人	杨立敏			
网　　址	http://pub.ouc.edu.cn			
电子信箱	youyuanchun67@163.com			
订购电话	0532－82032573（传真）			
责任编辑	由元春		电　　话	0532－85902495
印　　制	日照日报印务中心			
版　　次	2013 年 12 月第 1 版			
印　　次	2021 年 7 月第 3 次印刷			
成品尺寸	170 mm × 240 mm			
印　　张	14.25			
字　　数	241 千			
定　　价	42.00 元			

　　浩瀚而神秘的大海里，生活着一群生物，它们既有植物、动物，也有微生物。从海洋哺乳动物到各种海洋鱼类，从美轮美奂的海洋贝类到品种繁多的海洋虾蟹，再到与海洋相依相偎的各种海洋鸟类，这些海洋生物宛如海里的精灵，也丰富了人类的生活。在海洋这个广阔的空间里，它们以自己独有的方式生活并繁衍着，和陆地上的生物们构成了一个完整的生物世界。

　　农家少年大都知道海洋对我们人类的意义，也有很大一部分农家少年自小就生活在海边，对海洋十分熟悉。但大家对这些形态各异的海洋生物的了解较少。目前，全世界的科学家正在进行一项空前的合作计划，为所有的海洋生物进行鉴定和编写名录。海里到底有多少种生物？一项综合全球海域数据的调查报告显示，已经登录的海洋鱼类有 15 304 种，最终预计海洋鱼类大约有 2 万种。而已知的海洋生物有 21 万种，预计实际的数量则在这个数字的 10 倍以上，即 210 万种。数目巨大的海洋生物，我们当然不可能全部了解，本书细细挑选了 100 种与我们的生活联系较为密切的海洋生物，对其进行了详细的介绍。

　　为什么要认识海洋生物，因为唯有认识海洋生物，才能更好地认识海洋，才能由欣赏海洋进而珍惜海洋、保护海洋。少年是祖国的明天，也是海洋发展和建设的明天，农家少年占了青少年很大比重，让大家了解和走近海洋生物，对以后海洋事业的发展有着极其重要的意义。

　　丰富的百科知识、清晰的生物图片以及妙趣横生的介绍，《农家少年应当知道的 100 种海洋生物》这本书让农家少年增长海洋知识的同时，也充分感受到趣味学习的益处。

CONTENTS

第三部分 海洋贝类

第四部分　海洋虾蟹

第五部分　海洋鸟类

第六部分　其他海洋生物

第一部分　海洋哺乳动物

　　海洋哺乳动物是哺乳动物中适于海栖环境的特殊类群，是海洋中胎生哺乳、肺呼吸、体温恒定、前肢特化为鳍的脊椎动物，常被人们称作海兽。海洋哺乳动物主要包括鲸目、海牛目、鳍脚目，另外，海獭也属于海洋哺乳动物。

　　鲸目包括鲸和海豚，是所有哺乳动物中最适应水栖生活的一个分支，它们外形和鱼相似，已经完全不能在陆地上生活。

　　海牛目是适应海洋生活的植食性动物，它前肢呈鳍状，后肢进化为尾鳍，不能上岸。

　　鳍脚目是水栖性的肉食性动物，牙齿和陆栖的食肉动物相似，但是四肢呈鳍状，身体呈纺锤形，非常适于游泳。鳍脚目现存有三个科，即海狮科、海豹科和海象科。海獭几乎一生都在海上度过，很少登上陆地。海獭经常躺在海面上漂泊，是经常仰泳的海洋哺乳动物。

1. 海洋独角兽——一角鲸

一角鲸生活在北极人迹罕至的冰冷海洋中，是世界上最为神秘的物种之一，亦被称为海洋中的独角兽。一角鲸一般体长4～5米，1吨多重，背黑腹白。雄性一角鲸的左牙会长成一颗长达3米的螺旋状长牙。它们繁殖率较低，一般3年产1头小鲸。一角鲸觅食的时候鲸群会有组织地把鱼群驱赶在一起，然后捕食。

一角鲸的牙齿是如何长出来的？经研究发现，在一角鲸刚出生时一共有16颗牙齿，但都不发达。出生后多数牙齿相继退化、消失，仅剩上颌两枚牙齿保留下来。雌鲸牙齿一般不会再生长，而雄性左牙则会破唇而出

一角鲸

继续生长，最后能生长到体长的一半。雄性一角鲸会依靠长牙相互较量，就像两个人拿木棒相互击打一样。但它们在嬉戏时很有分寸，一般不会刺伤对方。

一角鲸

长久以来，人们一直误认为一角鲸的长牙是进攻的武器。事实上，一角鲸的长牙是它的感觉器官。在长牙表面密集地分布着非常多的神经末梢，这些神经末梢直接与海水接触，可以灵敏地感受到海水盐度的变化。冰层下面的海水盐度大，而冰层融化会使海水盐度降低。一角鲸就是通过感觉海水盐度变化来找到冰层上的呼吸孔的，否则，它们会因窒息而死亡。

　　在古代，人们对一角鲸的长牙就情有独钟。古代欧洲的王公贵族用它来做名贵的装饰物；有人认为它是包治百病的灵丹妙药；古代的因纽特人把它绑在木棍上，做成长矛或者鱼叉，用来捕猎。人们对一角鲸长牙需求强烈，对其大量捕杀，导致一角鲸数目锐减。目前很多国家已经禁止捕杀一角鲸，希望能还给它们一个自由自在的生活环境，让海洋中神秘的"独角兽"能够生存下去。

2. 海中巨无霸——蓝鲸

蓝 鲸

据记载,最大的蓝鲸有 33 米长,重 190 吨,舌头上能站 50 个人,刚生下的幼崽比一头成年大象还要重!

蓝鲸体表呈淡蓝色或灰色,背部有淡色的细碎斑纹,胸部有白色的斑点;头顶部有两个喷气孔。上颌部生有白色胼胝,因其在每个蓝鲸个体上都不相同,可以用来区分不同的个体。蓝鲸背鳍特别短小,尾鳍宽阔而平扁。蓝鲸属于世界性分布,以南极海域较多。现分为 3 个亚种:南蓝鲸、北蓝鲸、小蓝鲸。

蓝 鲸

蓝鲸是世界上能发出最大声音的动物。它的声音在源头处可以达到155～188分贝。蓝鲸在与伙伴联络时使用的是一种低频率、震耳欲聋的声音。

蓝鲸是一种重要的经济物种,脂肪含量很高。由于遭到大量捕杀,蓝鲸曾一度陷入几近灭绝的境地。1966年国际捕鲸委员会宣布蓝鲸为禁捕对象。虽然现在状况有所好转,但众多的问题如化学污染、噪音污染等仍威胁着蓝鲸的生存。目前已被列入《濒危野生动植物物种国际贸易公约》濒危物种。

3. 海上歌唱家——座头鲸

座头鲸

在鲸类王国中，座头鲸外貌奇异、听觉敏锐，更因为能发出多种声音而被称为海上"歌唱家"。座头鲸体型肥大，背部呈黑色，有黑色斑纹，向上弓起而不平直，因此又名"弓背鲸"或"驼背鲸"；座头鲸背鳍短小，胸部鳍状肢窄薄而狭长，尾鳍宽大，呼吸时能喷起粗矮的雾柱。

20 世纪 70 年代，美国著名鲸类学家罗杰斯·佩恩夫妇通过听水器记录了座头鲸的叫声，经过电脑分析发现，座头鲸的叫声包含着"悲叹""呻吟""颤抖""长吼""打鼾"等 18 种不同频率的音调，节奏分明，抑扬顿挫，交替反复，恰似旋律优美的交响乐，持续时间可长达 6～30 分钟。1977 年春天，美国将座头鲸的歌声同古典音乐、现代音乐以及联合国 60 个成员国的 55 种不同语言录进同一张唱片里，可见它们的歌声价值之高！ 1981 年，美国《新科学家》报道，座头鲸的歌声是动物世界里最复杂的"乐曲"。

座头鲸

座头鲸性情温顺,同伴间眷恋性很强。它们每年都要进行有规律的南北洄游,即夏季到冷水海域索饵,冬季到温暖海域繁殖,而且两个地方距离可达8 000千米之远,所以座头鲸被称为"远航冠军"。座头鲸为"一夫一妻"制,雌兽每2年生育一次。

座头鲸的进食方式除冲刺式、轰赶式外,还有一种方法很奇特,即从海水深度大约15米处以螺旋形姿势向上游动,并吐出许多大小不等的气泡,形成一种圆柱形或管形的气泡"网",把猎物逼向中心,然后座头鲸便在气泡圈内几乎直立地张开大嘴,吞下"网"内的猎物。

4. 潜水冠军——抹香鲸

抹香鲸

　　传说中龙涎香是龙吐出来的唾沫，真是这么回事吗？ ——其实不是的，生产龙涎香的是我们的海上"巨无霸"抹香鲸。在温暖的海区能找到抹香鲸，极少数不怕冷的抹香鲸能游到北极圈里。在我国，抹香鲸在东海、黄海、南海畅快地游上游下，一个猛子扎下去，就潜到了几百米甚至上千米深的地方，是当之无愧的"潜水冠军"。 抹香鲸和人都是用肺呼吸，而人只能屏气 1～2 分钟，潜水深度不超过 20 米，即使在潜水前呼吸几分钟纯氧，最多也只能潜到 70 多米深，和抹香鲸相比，真是不值一提。

　　抹香鲸长得真奇怪，头重尾轻，好似一只巨大的蝌蚪。这只"超级大蝌蚪"有多大呢？ ——体长 18～25 米，体重 20～25 吨，最大的有 60 吨，它的头竟然占了全身长度的 1/3，像是顶了个大箱子一样。这个大头可是世界上所有动物里最大的脑袋，它不是白长的，在里面有一个特殊的鲸蜡器官，抹香鲸用它来减轻身体的相对密度，增加浮力。鲸蜡经过压榨洁净后是白色无味的晶体，变身为工业原料，可以制成蜡烛、肥皂、医药和化妆品，还可以提炼高级润滑油。对于抹香鲸来说，鲸蜡器官还是它的导航器，有着极其灵敏的探测系统即声呐功能，能发出超声波的嗒嗒声，抹香鲸听到回音后就可以在漆黑的深海寻找食物了。这倒是弥补了抹香鲸小眼睛的缺陷，让它在黑暗中也能游刃有余。

　　特别爱吃肉（枪乌贼和章鱼）的抹香鲸上颌竟然没有牙齿，只在狭长的下颌上长了 40～50 枚 25 厘米左右长的圆锥形牙齿。抹香鲸虽然有两个鼻孔，但是右鼻孔是阻塞的，它负责与肺相通，是抹香鲸的空气储存箱；左鼻孔呢，就和头顶的喷水孔相连,这样它呼吸时喷出的雾柱就以 45° 角向左前方倾斜。

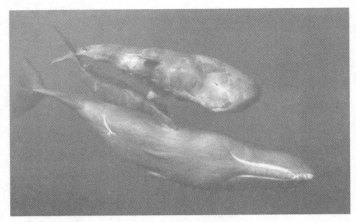

抹香鲸

在水深 2 000～3 000 米的地方,漆黑一片,伸手不见五指,寒冷刺骨,压力相当于大气压的 300 倍,人如果没有任何保护措施就会血管爆裂而死。你能想象吗?抹香鲸能屏气一个小时到达这里,而且出入自如。为什么抹香鲸能做到呢?斯科兰德的科学家于 1940 年创立的"肺泡停止交换学说"这样解释:鲸类在潜水时,胸部会随着外部压力而进行调节。压力大时,肺部会随着胸部的收缩而收缩,因而肺泡就不再进行气体交换,防止氮气自然溶解到血液中去。

抹香鲸搁浅

龙涎香并不是龙的唾液,而是抹香鲸的肠道分泌物,刚取出来的龙涎香有恶臭,但神奇的是,过一段时间,就能闻到一种清新而温雅的特殊香气,既有麝香气息,又微带海藻香、木香和苔香,有一种特别的甜气和说不出来的"动情感"。其留香性和持久性是任何香料无法比拟的,留香时间比麝香长一倍,作为固体香料可保持香气长达数百年,历史上就流传着龙涎香与日月共存的佳话。据说在英国旧王宫中,有一房间因涂有龙涎香,历经百年风云,至今仍在飘香。

　　抹香鲸的明天并不光明,根据国际捕鲸委员会的统计数据,即使是在理想的环境下,抹香鲸族群的增长率仍然十分低,每年不到1%。抹香鲸面临着诸多威胁,比如抹香鲸会因为被捕鱼用具缠住而死去,或是与船只发生碰撞而死去。在它们的鲸脂中还发现了化学污染物,抹香鲸体内的污染级别已经达到中度。声音是它们辨识方向的依赖物,而如果出现噪音污染,便又成为它们的另一个威胁。海运、水下爆破、地震勘探、石油开采、军事声呐演习,以及海洋学实验等都让水下世界危险丛生,可怜的抹香鲸却无力去面对这些危险。再加上20世纪捕鲸浪潮的掀起,造成每年多达3万头抹香鲸的死亡,抹香鲸的现存量已经由原来的85万头下降到43万头。

抹香鲸搁浅

5. 海中猛虎——虎鲸

虎　鲸

　　虎鲸也叫做逆戟鲸，雄性虎鲸的背鳍像旗子一样直立在背上，特别明显。它们喜欢在水面下快速游动，背鳍伸出水面，就像古代一种武器——戟一样倒立在水面上，故称为逆戟鲸。它们在海洋中几乎没有天敌。大多虎鲸都能寿终正寝直到百岁。虎鲸有着胖胖的身体、圆圆的脑袋，黑色的身体上有几块明显的白色皮肤，憨厚的样子就像大熊猫。但是，千万不要被它们的外表所迷惑，这种庞然大物可是海中的杀手，小到鱼类、乌贼、海龟、企鹅，大到海狮、海豹甚至大型须鲸和抹香鲸，都是它们可口的食物。虎鲸个头很大，成年虎鲸有 8～10

虎　鲸

米长，体重可达到 9 吨。虎鲸是一种群居动物，这种集群的生活方式既能给来犯之敌致命一击，又能提高捕猎效率。

虎鲸的外表憨态可掬，智力出众，经训练可进行表演，海洋馆内由虎鲸表演的节目会博得热烈的掌声。虎鲸在水下加速，突然冲出水面 5 米多高，溅起巨大的浪花，引起观众阵阵欢呼。军事上，人们经常利用经过训练的虎鲸进行一些侦察、导航和排雷等工作。

个头最大的抹香鲸碰到最凶猛的虎鲸会怎样？据统计，在南极海域大多数抹香鲸的尸体上都有虎鲸的牙印，而在捕获的虎鲸胃里面也能发现抹香鲸的残骸。当虎鲸群碰到小群的抹香鲸时，便会群起而攻之，向主要目标发动最猛烈的攻击，一步一步地把目标逼出抹香鲸群，当离群的抹香鲸失去和鲸群的相互支援后，虎鲸便肆无忌惮地冲向抹香鲸。可以说，虎鲸是抹香鲸的天敌。狡猾的虎鲸还会利用计谋捕猎。虎鲸有时会肚皮向上浮在水面上一动不动，像死了一样，不知情的海鸟、鱼类或者其他动物接近它时，虎鲸便会突然翻过身来一口咬向猎物，得意洋洋地将其吃掉。

6. 海洋精灵——海豚

海 豚

蔚蓝无边的大海上,海豚们飞快地游动着,相互追逐嬉戏,不经意间就会高高跃出海面,在空中旋转后落水,划出一道道优美的弧线。

海豚身体呈流线型,长度一般为2米左右,背鳍呈镰刀状;海豚生活在温暖的近海水域,喜欢群居,少则10余头,最多可达数百头。海豚的种类很多,有将近62种。我们最常见的海豚是宽吻海豚,也就是海洋馆中常用于表演的海豚。

人们发现,海豚的脑部非常发达,经过训练的海豚,甚至能达到模仿人类话音的程度。太平洋海洋基金会的欧文斯博士等4位科学家,花了3年的时间对两头海豚进行训练,教会了它们700个英文词汇。

美国圣安德鲁斯大学的科学家指出,群居状态的海豚都拥有自己独特的名字。更奇特的是,同一族群的海豚之间能够分辨出对方"姓甚名谁"。研究人员将同一族群的海豚分为了两组,提取其中一组发出的声音向另外一组播放,发现它们居然能对"亲属"呼叫自己的声音作出积极准确的反应。这一发现令研究人员证实海豚也有名字。

1871年,大雾笼罩了新西兰海岸,一艘船航行在暗礁林立的海域,十分危险。一只海豚突然出现,带领海船穿过浓雾弥漫的暗礁,到达了安全海域。从此以后,每艘经过这里的海船,都会遇到这条领航的海豚。这条海豚为船只领航了13年,然后便消失了。后来,人们找到了它的尸体,为它举行了隆重的葬礼,并为其建造了青铜纪念碑,以表彰它对人类的贡献。

在美国的海军中有一群特殊的士兵——海豚士兵。它们与军人一样在军中服役,服役期一般为25年。这些海豚通过训练,可以承担扫雷、寻找失物、保护潜水设施等任务。海豚、小型无人潜航器和潜水员通力合作,能够大大提高战术的灵活性、有效性和作战效率。

7. 容貌出众，智商超群——中华白海豚

中华白海豚母子

时光回溯到 1637 年，探险家彼得文迪途经我国香港、澳门和珠江口水域时，意外发现"海豚百余，牛奶白或淡红色"，这是有记载以来第一次对中华白海豚的报道。1757 年，瑞士人奥斯北则在他的船前看见了这种海豚嬉戏的场景，并给它们起了个名字——"中华白海豚"。

风和日丽的日子里，在东海海面上，如果你有足够的幸运，会看到有中华白海豚在水面跳跃嬉戏。有时候，它会全身跃出水面一米多高。现在，性情活泼的中华白海豚数量锐减，和淡水中的白鳍豚以及陆上的大熊猫、华南虎一样，都是国家一级保护动物。

如果鲸类家族有选美比赛，那么中华白海豚一定能跻身前三名。它身体浑圆，体长一般为 2～2.3 米，呈现出优美的流线型体态，眼睛乌黑发亮。成年的中华白海豚全身都呈象牙色或者乳白色，有的还呈粉红色，背部散布的细小灰黑色斑点也让它多了些俏皮之美。幼年时的白海豚"皮肤"是灰色的，但是它们并不担心，因为"丑小鸭"终究是会变成"白天鹅"的。

中华白海豚不仅容貌突出，智商也超群。它是高级哺乳动物，据专家称，它的大脑容量非常大，至少跟黑猩猩一样聪明。聪明的它性情温和，还喜欢与人亲近，有时会帮助渔民合围捕鱼。心地善良的白海豚还会出于"顶"的本能，帮助溺水的游泳者。它游泳的速度很快，有时能够达到 12 海里 / 小时。

中华白海豚是我国香港的吉祥物之一。2007 年 11 月 15 日世界自然基金会香港分会公布"我最喜爱海洋十宝"公众网上投票结果，此次网上投票为期 4 个月，选出最受欢迎的 10 种本地海洋生物。中华白海豚荣获"我最喜爱海洋

十宝"第一位。

中华白海豚

20世纪60年代,福建厦门海域还能随处见到中华白海豚,但是80年代之后,这里的中华白海豚已经不足100头了,广州雷州湾约300头,广东珠江口(包括香港)约2 500头。从2003年到2006年6月,在珠江口已经发生了18起中华白海豚意外死亡的事件。是什么在威胁着它们的生存?海上运输繁忙,船只频频撞死或者撞伤中华白海豚;珠江口的污染情况很严重;有时中华白海豚捕食的时候也会跟着渔船,抢食漏网之鱼,还有些胆大的会钻入渔网中,每年就会有不少中华白海豚被误捕而死亡。如今,厦门市已经建立起了一个总面积为5 500公顷的以保护中华白海豚为主的自然保护区。很多有识之士加入保护中华白海豚的队伍,他们奔走相告,呼吁保护。中华白海豚充满灵性,我们都不愿它在地球上消失。

8. 潜水能手——海狮

海 狮

　　海狮颈部生有鬃状的长毛,叫声很像狮子吼,所以叫做海狮。海狮有南美海狮、北海狮等14种,其中北海狮是海狮中体型最大的,素有"海狮王"的美称。海狮多喜群居活动,常常由一只雄海狮带领一群雌性海狮共同生活,雄海狮犹如国王一般!

海 狮

　　海狮的雄兽和雌兽的体形差异很大,雄兽的体长为310～350厘米,体重一般1吨以上;雌兽体长为250～270厘米,体重大约为300千克。雄兽在成长过程中,颈部逐渐生出鬃状的长毛,身体主要为黄褐色,胸部至腹部的颜色较深,具很小的阴囊;雌兽的体色比雄兽略淡,没有鬃毛,面部短宽,吻部钝,眼和外耳壳较小。

海　狮

　　到了繁殖季节,雄海狮会选择固定地点进行争夺配偶的激烈斗争。最后,胜者占有许多雌海狮。如果某个雄海狮在争夺配偶和繁殖地的战斗中被年富力强的年轻雄海狮打败,雌海狮会集体倾情于新首领。

与海狮亲密接触

自古以来,所有的物品一旦沉入海底就意味着有去无回,可是有一些宝贵的试验材料必须找回来,如从太空返回地球时落入海里的人造卫星等。但当水深超过一定程度时潜水员就无能为力了,幸运的是,神奇的海狮有着高超的潜水本领,它们可以帮助人们来完成一些潜水任务。海狮可以潜入 180 米深的海水中,帮助人类打捞东西是其拿手好戏,同时,它还可以进行水下军事侦察和海底救生等。据传,美国特种部队中有一头训练有素的海狮,能在 1 分钟内将沉入海底的火箭碎片取上来。

9. 可爱的海兽——海豹

海　豹

海豹是一种小型鳍足类食肉海兽,头部钝圆,形似家犬,但没有外耳郭,在头部两侧仅剩下耳道,潜水时耳道外面的肌肉可闭封耳道,防止海水进入;眼睛又大又圆,炯炯有神;体长1～2米,体重20～150千克;背部蓝灰色,腹部淡黄色,部分种类的海豹身体上还有蓝黑色的斑点;身体呈流线型,四肢进化鳍脚。海豹在陆地上移动非常笨拙,前肢支撑起身体,后肢就像累赘一样拖曳在后面,身体弯曲爬行,非常有趣。海豹的食性比较广泛,鱼类、软体动物和甲壳动物都是它们钟爱的食物,为维持体温和提供运动能量消耗,海豹每天要吃掉相当于自己体重1/10的食物。

海豹的经济价值较高,肉质味道鲜美,具有丰富的营养;皮质柔韧,可以用来制作衣服、鞋、帽等抵御严寒;脂肪可用来提炼工业用油和营养品;肠是制作琴弦的上等材料;肝富有维生素,是价值很高的滋补品;牙齿可制作精美的工艺品。

海豹是一种非常聪明的动物,经过一段时间的训练,它们能做很多类型的表演,是海洋馆的动物明星。

正是由于海豹具有这么多经济价值,每年都会遭到大量猎杀。为保护海豹,国际拯救海豹基金会1983年把每年的3月1日定为国际海豹日。在这一天,全球各地动物保护人士奔走相告,劝说人们不要捕杀海豹。

海 豹

10. 丑陋的美人鱼——海牛

还记得小美人鱼的故事吗？美丽善良的小美人鱼因为等不到心爱的王子而化成虚幻的泡沫，消失在闪着璀璨涟漪的海面上……实际上，它的原型存在于我们这个神奇的世界中，那就是海牛。

海牛是一种海洋哺乳动物，它们虽是塑造美人鱼的原型，不过与童话中的美人鱼相比，其"面相"实在是令人不敢恭维：厚厚的上嘴唇上翘，小小的眼睛，坍塌的鼻梁，大大的鼻孔；脖子很短，没有外耳郭，口的四周长着胡须；臃肿的身体呈钢灰色，尾扁平而宽大，可以说是个十足的丑八怪。

美人鱼雕像

现在世界上有3种海牛，即南美海牛（巴西海牛）、北美海牛（加勒比海牛、西印度海牛）、西非海牛。其中，南美海牛生活在河流中，是淡水海牛。海牛平时主要以吃海藻为生，用肺呼吸，能在水中潜游十几分钟来寻找食物。海牛每年繁殖一次，每次只生育一只。在哺乳时，雌海牛用一对鳍将幼海牛抱在胸前且上身浮在海面，半躺着喂奶，再加上有时会有藻类粘在头部，从远处看，很像一条"美人鱼"。

海 牛

　　海牛目还有一种动物名为儒艮,不管是外貌还是习性,都与海牛极为相似。因此,在美人鱼原型的问题上,存在一些争议。儒艮的尾巴为叉形,从这一点来看,仿佛更符合美人鱼的形象,这也是它区别于海牛的重要特征。

　　儒艮虽然不那么漂亮,却很温柔,这可能与它是食草动物有关系。它一点也不挑食,海藻、水草等多汁水生植物,对它来说都是美食,只需几口就能把这些植物的根、茎、叶全部吃光。它可不是用牙来咬断海草,而是用它的吻来摄食。因为它体形壮硕,每天有很大一部分时间要花在吃东西上,45 千克以上的植物才能勉强满足它的胃口。草并不好消化,所以,它的大肠非常发达,是胃的 2 倍重,长度达到 25 米以上,是小肠的 2 倍长。这么爱吃草的儒艮,一定是把家安在水草丰茂的地方,比如,西太平洋与印度洋海岸,在我国广东、广西、海南和台湾南部沿海等都有分布。温柔的儒艮喜欢慢生活,只愿悠闲地"散步",泳速多在 10 千米 / 时以下,被追赶时才以 2 倍的速度逃窜。鲨鱼和虎鲸是它的天敌,人类也会追捕它,因为它全身都是宝。体胖膘肥的儒艮,肉味鲜美,皮肤灰白,可制皮革,致密的骨头常被作为象牙的替代品用于雕刻,从它身上还能提炼出20 ~ 50 升油来入药。但是,过度的猎杀使儒艮的数量减少。海草资源的破坏、栖息地的污染、误入渔网等都让儒艮数量越来越少。儒艮已成为国家一级濒危珍稀哺乳类保护动物。

海　牛

　　海牛是海洋中唯一的食植哺乳动物,食量很大,每天能吃相当于体重

5%～10%的水草。它吃起水草来像卷地毯一般,一片一片地吃过去,有"水中除草机"之称。在水草成灾的热带和亚热带某些地区,只要有海牛,这一难题便能迎刃而解。南美圭亚那曾利用两头海牛清除了首都乔治敦市附近一条水道中的水草,使居民获得了足够的生活用水。海牛真是大胃口的"美人鱼"啊!

11. 爱打瞌睡的庞然大物——海象

海 象

海象，顾名思义，就是"海洋中的大象"。它们和陆地上的大象一样，都是体型庞大的动物，皮厚且有很深的皱纹。它们"身高"一般 3～4 米，重 1 300 千克左右。与陆地上的大象不同的是，它们的四肢已经退化为鳍。海象主要生活在北极海域，由于体型笨重，在北极光滑的冰面上需要鳍和獠牙共同作用才能前进，很是费劲。而它们在海里游泳的本领却令人刮目相看！当海象深潜到海底寻觅食物时，巨大的獠牙不断地翻掘泥沙，敏感的嘴唇和触须随之探测、辨别，碰到它们喜欢的食物如乌蛤、油螺等，就用牙齿将它们的壳咬碎，把肉吸入嘴中。

海象皮肤的颜色在陆地上与海水中并不一样——在陆上，血管受热膨胀，皮肤呈棕红色；在水中，血管冷缩，皮肤呈白色。

海象爱打瞌睡那可是出了名的！海象和陆地上的大象一样，都是社会性的动物，喜欢群居。它们经常成群结队地在海滩上晒太阳，会竭尽所能地占据所有的空地。有时，为了抢占一个好的地盘，海象之间会产生争斗。它们用长牙和强有力的脖子互相攻击，战胜者将战败者赶走并占领夺来的地盘。空隙非常小时，它们便会三两个堆在一起，也依然睡得不亦乐乎！

海　象

12. 聪明胜过类人猿——海獭

海 獭

海獭是食肉目中唯一的海栖动物，是鼬鼠家族里的明星成员。它头脚较小，身高不到 1.5 米，却有一条超过体长 1/4 的尾巴，体重 40 多千克，属于海洋哺乳动物中较小的种类。虽然海獭身上的脂肪层厚度远不如鲸类，仅占体重的 1.8%，但海獭有着厚实无比的皮毛，即使在深水里也滴水不透！

海獭一生大部分时间都在水里，可在水中进食、交配和哺育后代，偶尔上岸的目的只是休息和睡觉。在水中的时候，它们的鼻孔和耳朵会闭合，以免海水进入。

别看海獭长相邋遢，它们却非常爱"臭美"。它们每次吃完东西都会用爪子和牙齿反复清理身上的皮毛。其实，它们这样做并非只是为了干净，也是为了皮毛持续保暖，以抵抗海水的寒冷。

海獭的智商非常高，它们的聪明和智慧甚至胜过类人猿！海獭非常喜欢吃海胆，但是海胆的外壳很坚硬，靠牙齿是不行的。于是，聪明的海獭会先把海胆夹在前肢下面的皮囊中，然后快速地去海底拣来一块拳头大小的石头。接下来，它会四肢朝上仰躺在海面，把石块和海胆都举在胸前，然后用石块猛敲海胆直到敲出裂缝，最后雷厉风行地吸光美味的肉质。除了海胆外，贻贝、螃蟹、鱿鱼、章鱼以及鱼类也是它们的口中餐。而这块石头，它们会保存下来反复使用。在"会用工具"这一点上，如果猿人还存在，一定会自愧不如！

海　獭

第二部分　海洋鱼类

　　你能认识海里的几种鱼？会发光的、会放电的、会治病的、会飞的，它们各种各样的本领让人目不暇接，穿梭不停的身影给海洋带来一派热闹景象，它们就是海里的主要居民——海洋鱼类。

　　鱼类是海洋中最常见的生物类群，它们就像天空的鸟儿一样自由自在，畅游在蔚蓝色的大海中，给大海带来无限生机。

　　海洋鱼类有 1.2 万余种。它们是一种用鳃呼吸、用鳍运动、体表被有鳞片、变温的海洋脊椎动物。鱼纲分两大类群：软骨鱼类和硬骨鱼类，软骨鱼有 5～7

对鳃孔,硬骨鱼类有鳃盖。

　　海洋鱼类形态各异,有非常适宜游泳的鱼雷形,有适合在海底生活的侧扁形,还有蛇形、带形甚至球形和方形。海洋鱼类主要的运动和平衡器官是鳍。尾鳍在尾部末端,有转向和推动等作用。其他的鳍具有转向和保持平衡的作用。有些鱼类的鳍特化成其他奇特结构,比如有的变成小灯笼吸引小鱼上钩,有的能支撑笨拙的身体在陆地上"行走",有的变成"机翼"能够飞出水面滑翔。

13. 食人鲨——大白鲨

大白鲨

作为大型的海洋肉食动物之一,大白鲨有着乌黑的眼睛、尖利的牙齿和有力的双颚,这让它们成为世界上最易于辨认的鲨鱼。大白鲨又称噬人鲨、白死鲨,是大型进攻性鲨鱼,因其体型庞大且极具攻击性而被称为"海洋杀手"。

大白鲨

大白鲨的嗅觉极其敏锐,这归功于它的占到其脑容量 40% 的嗅觉神经器官，它能够嗅到 1 千米处被稀释成原浓度 1/500 的血液的气味。这是因为它身上有几百个感受器，感受器内有密布的感觉细胞，能够感知周围极微弱的电场和生物电；而且它是个行动主义者，可以 40 千米／小时以上的速度前进！大白鲨凭着这一特殊本领而变得阴森可怕！

　　大白鲨喜欢独来独往，是不合群的动物，但这种最可怕的食肉动物也会成群结队地聚集在墨西哥和夏威夷之间的一个深海"水洞"，即著名的"大白鲨咖啡馆"，它们在那里嬉戏、交配。

　　大白鲨生性贪婪，且具有极强的好奇心。它经常通过啃咬的方式去探索不熟悉的目标，如玻璃瓶、木头、破胶鞋甚至在水中的人类等都难逃其尖利的牙齿。许多鲨鱼生物学家认为，对人类的进攻也是这种探索行为的结果。大白鲨的锋利牙齿和上下颚的力量，可会轻易地致人死亡。

14. 像鲸不是鲸——鲸鲨

鲸　鲨

　　鲸鲨是最大的鲨,而不是鲸。它们用鳃呼吸,是鱼类中身体最大者,通常体长在 10 米左右。鲸鲨体呈稍纵扁的圆柱状,体灰色或褐色,体侧隆嵴明显;头扁平而宽广。下侧淡色,具明显黄或白色小斑点及窄横线纹,俗称"金钱鲨";一般在水面缓慢游动,偶尔会被船只碰撞。虽然鲸鲨拥有巨大的身躯,不过不会对人类造成重大的危害,鲸鲨的个性是相当温和的,会与潜水人员嬉戏。

鲸　鲨

　　鲸鲨是一种难以研究的动物,特别当涉及跟踪调查个别鲸鲨的交配和繁殖时,研究更显得困难。但一份新的鲸鲨胚胎分析表明,雌性鲸鲨是一种渐进式生产的鱼,交配一次后能储存大量的精子。研究人员尚不知鲸鲨一次性可以将精子储存多久,也不知道它们在繁殖期可以交配几次。

　　东南亚以及中国台湾周边海域是鲸鲨的主要捕捞区,捕捞上来的鲸鲨可用于食用,鳍有时也会被割下制作鱼翅。肝脏可制作鱼肝油也可制作工业用油,用来做肥皂、油漆、蜡烛等;皮可制革,是一种上等的皮革原料;肉、骨和内脏可制鱼粉,用以喂养家禽和家畜,降低畜牧业养殖成本。可以说,鲸鲨全身都是宝。

15. 海中贵族——中华鲟

中华鲟

有一种原始硬骨鱼类,曾和恐龙同处一个时代,距今已有1.3亿多年的历史。它是研究鱼类进化的活化石,和大熊猫一样具有重要的学术研究价值,它就是中华鲟,我国的特产珍稀物种,国家一级保护动物。

个头不小的中华鲟为白垩纪古棘鱼的后裔,一般体长能达到2米左右,体重约200千克。中华鲟虽然个体庞大,但却摄食"斯文",只以浮游生物、植物碎屑为主食,偶尔吞食小鱼、小虾。你可以在它的身上看到许多遗留下来的原始特征,比如全身的骨骼大部分是软骨,体表有硬鳞,尾为歪形,有吸水孔,肠的里面有一个接一个的漏斗状螺旋瓣等。但也有一些现代硬骨鱼的特点,如有少数硬骨,有鳃盖,有较大的仅有一室的鳔,繁殖为体外受精等。所以,它是介于软骨鱼与硬骨鱼之间的一个过渡性类型,称为软骨硬鳞鱼类,在鱼类的起源和演化历史的研究中有着重要的科学研究价值。

中华鲟栖息于北起朝鲜西海岸,南至中国东南沿海大陆架地带。在中国近海以及长江、珠江、闽江、钱塘江、黄河等江河海域曾经都能找到中华鲟的踪迹,但是如今,它在黄河、钱塘江已经绝迹,闽江口偶尔可以见到,珠江里面的数量非常少,长江是它最后的"伊甸园"。亲鱼从近海洄游到长江上游的金沙江一带产卵,孵化出的鲟苗顺流而下,漂游入海,10年后,幼鲟长大了,又追寻它们童年的足迹,从大海返回长江上游寻根产卵。中华鲟在长江里要溯游3 000多千米,到达金沙江下段,在四川省宜宾市往上的600千米的江段里繁殖。生殖季节在10月上旬至11月上旬。鲟鱼卵受精后被江水冲散并黏附在江底的石头上,一星期后孵出幼苗。幼鱼随江水漂游而下,第二年7月份到达长江口,进入海洋生长发育,待长大后再回到它的出生地繁殖下一代。

中华鲟幼鱼

中华鲟繁殖力虽然很强大,1尾雌中华鲟的怀卵量为30万～130万粒,但是产出的卵有90%以上被黄颡鱼等吃掉,能够活下来的那一点点都是掉在石头缝里的。长江水流较急,中华鲟的卵在动荡的水浪中进行受精,自然受精不完全,这就淘汰了一批鱼卵。受精卵在孵化过程中,或遇上食肉鱼类和其他敌害,或"惊涛拍岸",又要损失一大批。即便孵成了小鱼,"大鱼吃小鱼",还会有一定的损失。如此"三下五除二",产的鱼卵虽多,能"长大成鱼"而传宗接代的鱼却不多。实际上,这是动物在进化过程中生殖适应的结果。不过中华鲟生命力很强,小鱼苗一旦孵出,就会赶紧往水面上漂,然后游到水很浅的地方。中华鲟似乎知道产卵有危险,长大成熟能够再回来繁殖的个体只占出生总数的2%～3%。在个体发育过程中幼子损失大的种类,产卵则多;反之则少。这不是"上帝"的安排,而是那些产卵少、损失又大的种类在历史的长河中被淘汰了。

中华鲟非常名贵,外国人也希望将它移居到自己国家的江河内繁衍后代,但中华鲟总是恋着自己的故乡,即使有些被移居海外,也要千里寻根,洄游到故乡的江河里生儿育女。在洄游途中,它们表现了惊人的耐饥、耐劳、识途和辨别方向的能力。中华鲟又叫"腊子","千斤腊子,万斤象"说的就是中华鲟。在20世纪70年代以前,长江流域每年的捕捞量为50千克以上的个体在400～500尾,产量为60～80吨。20世纪80年代后,中华鲟产卵群体中性别比例严重失调,雌、雄比达3:1～5:1。中华鲟雄性亲鱼精子活力也逐年下降,这可能与长江水质污染有直接关系。

中华鲟

中华鲟是研究鱼类演化的重要参照物,在研究生物进化、地质、地貌、海侵、海退等地球变迁等方面均具有重要的科学价值和难以估量的生态、社会、经济价值。但由于种种原因,这一珍稀动物已濒于灭绝。保护和拯救这一珍稀濒危的"活化石"对发展和合理开发利用野生动物资源、维护生态平衡,都有深远意义。如今,我国中华鲟人工繁殖已获得成功,并已开始人工养殖和人工放流;但中华鲟的处境依然危险,对它的保护还需要全社会长期的共同努力。

16. 活的发电机——电鳐

电　鳐

海洋里的生物真是无奇不有，小小的海洋动物竟然能发出高压电，这可真是让人惊叹！这种能发电的神奇鱼类叫作电鳐。电鳐最大的个体可达 2 米，很少在 0.3 米以下；背腹扁平，头和胸部在一起；尾部呈粗棒状；整体像团扇；在头胸部的腹面两侧各有一个肾脏形蜂窝状的发电器。它们排列成六棱柱体，叫做"电板"柱。电鳐身上共有 2 000 个电板柱、200 万块"电板"。这些电板之间充满胶质状的物质，可以起绝缘作用，因此它们放电时不会电到自己。

电鳐身上的电来自于肌肉纤维演变而成的电板。电板相当于电池的正、负极，无数个细密的电板规则地排列，形成六棱柱状的电柱，在脑神经的支配下便能发出电来。单个电板产生的电压、电流微乎其微，但电鳐体内有 2 000 多个电板柱，每个电柱有 1 000 多块电板，发电器官占体重的 1/6，电板串联，电柱并联，电压便会达到 80 ～ 200 伏。据说太平洋深海的巨型电鳐，瞬间能放电 1 100 伏，可谓高压电了。电鳐每分钟脉冲式放电可达 50 次，逐次减弱。放完电以后，稍事休息又可继续放电。电鳐放电是为了御敌捕食、探测导航及寻偶等，也是为了适应黑暗危险的海底世界。

电鳐的放电特性启发人们改造了电池。人们日常生活中所用的干电池，在正、负极间置于糊状填充物，就是受电鳐发电器里的胶状物启发而改进的。

1989 年，在法国科学城举办了一次饶有趣味的"时钟"回顾展览，一座用带电鱼放出的电来驱动的时钟，引起了人们极大的兴趣。这种带电鱼放的电十分有规律,电流的方向一分钟变换一次,因而被人称为"天然报时钟"。常见的带电鱼有电鳗、电鳐、电鲶等。

电　鳐

电鳐尾部发出的电流,流向头部的感受器,因此在它身体周围形成一个弱电场。电鳗中枢神经系统中有专门的细胞来监视电感受器的活动,并能根据监视分析的结果指挥电鳗的行为,决定采取捕食行为或避让行为或其他行为。有人做过这么一个实验:在水池中放置两根垂直的导线,放入电鳐,并将水池放在黑暗的环境里,结果发现电鳗总在导线中间穿梭,一点儿也不会碰导线;当导线通电后,电鳐一下子就往后跑了。这说明电鳗是靠"电感"来判断周围环境的。

电　鳐

　　由于电鳐放完体内蓄存的电能后，要经过一段时间的积聚，才能继续放电。因此，巴西人捕获电鳐时，总是先把家畜赶到河里，引诱电鳗放电，或者用拖网拖，让电鳐在网上放电，之后再轻而易举地捕杀失去反击能力的电鳐。

17. 最不像鱼的鱼——海马

相不相信,在海中也能见到"马",这匹"小马"还是袖珍型的,体长也就十几厘米,最大的不过 30 厘米。它其实不是马,而是一种鱼,因为长了一个酷似马头的鱼头,所以就叫它"海马"了。仔细看,还会发现,它长了一双蜻蜓一样的眼睛,这双眼睛可以各自上下、左右或者前后转动,身体不能轻易转动,就靠这双好用的眼睛来观察环境了。

海 马

海马身海马身披环状的骨质板,有些像士兵的盔甲,它还有一条像大象鼻子一样灵活的尾巴。海马有些"头重脚轻",如果平时不用尾巴卷住海藻的茎枝,那就很有可能失去平衡。如果为了吃饭不得不离开海藻一会儿,它就会直立在水中,完全靠背鳍和胸鳍高频率地做波状摆动来达到挪动的目的,游一会儿后,就会找其他的海藻或其他物体,"歇会儿"再出发。

中国沿海海马的种类有克氏海马、刺海马、冠海马、三斑海马等。海马喜欢生活在缓流中,性情懒惰。游动时,身体垂直向上;休息时,将尾巴绕在水草上一动不动。海马的体色和变色龙一样,能随着环境色的变化而变化,从而逃避天敌的追击。

海 马

在海马家族,雄海马负责孵化小海马。其神奇的腹囊在平时是看不出来的,到了生殖季节,雄海马的腹囊就会增厚变大,壁上充满血管,为孵化鱼卵做好准备。产卵时,雌、雄海马腹面相对,尾巴互相蜷曲,直立游泳,时分时合。经过一段时间,雌海马将鱼卵一个个送进雄海马的腹囊。15 天之后,一个个小海马就会从雄海马的腹囊里钻出来。有时小海马受到惊吓,就会回到"安乐窝"里。海马每"胎"一般可产数十尾至百多尾,多的还能达到千尾以上。

"北有人参,南有海马",别看海马小巧,它可是一种名贵的药材,据《本草纲目》等医书记载,海马具有温通任脉、暖水脏、壮阳道、镇静安神、散经消肿、舒筋活络、止咳平喘等功效。

干海马

海马经加工变干后仍保持其原有形状和斑纹,美观华丽,还可以用干海马制成耳环、胸针、锁匙扣等装饰品和吉祥物或辟邪物,因此,干海马是备受欢迎的收藏装饰品,在全国各海滩度假胜地和贝壳工艺品商店都有出售。

18. 提灯女神——鮟鱇

鮟　鱇

大家千万不要误会,这里说的提灯女神可不是那位著名的护理学家——佛罗伦萨·南丁格尔,而是在自然界中总是举着一个小灯笼的鮟鱇。但不得不承认的是,它们长得实在太丑了。

鮟鱇又叫做老人鱼,因为它发出的声音似老人的咳嗽声。鮟鱇的前端扁平呈圆盘状,身躯向后细尖成柱形,两只眼睛生在头顶上,一张血盆大口长得和身体一样宽,嘴巴边缘长着一排尖端向内的利齿;腹鳍长在喉头,体侧的胸鳍有一个臂,它平时栖伏水底,紫褐色的身体上光滑无鳞但散杂着许多小白点,整个体色与海底颜色差不多。

在长期的演化过程中,鮟鱇的背鳍发生了变化:第一个背鳍逐渐向头部延伸,背鳍的前三枚鳍棘在头顶前方分离呈丝状,末端有一根发光的皮瓣,生物学上把这个“小灯笼”称为拟饵。“小灯笼”之所以会发光,是因为在灯笼内有腺细胞,能够分泌光素。光素在光素酶的催化下,与氧作用进行缓慢的氧化反应而发光。深海中有很多鱼都有趋光性,于是“小灯笼”就成了鮟鱇引诱食物的有力武器,闪烁的“灯笼”不仅可以引来小鱼,还可能引来敌人。无论大小都异常贪食,一种抹灰板大小的康默森氏鮟鱇可吞食相当其体长 2 倍的猎物,饥不择食时甚至还以同类为食。

多种鮟鱇的胸鳍和腹鳍似乎更适合爬行而非游动,水下摄影师弗雷德·贝文丹姆就曾见到鮟鱇在海底一步步移动逼近猎物的情景。有位诗人曾这样描述这种怪诞的海鱼："皮肤非常松软,步履蹒跚……巧施诡计屡屡得手。"它们成功生存的秘诀,就在于头顶上耸立的颇似小诱饵的棘状突起。除适时变色适应环境外,其生存绝招还在于身上的斑点、条纹和饰穗,俨然一副红海藻的模样;尤其那种身披饰穗的鮟鱇,更擅长潜伏捕食和逃避天敌追杀。

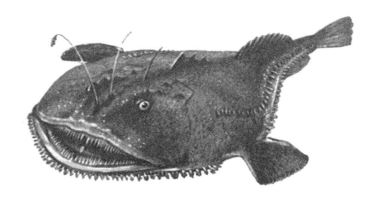

鮟　鱇

鮟鱇是肉食性鱼,它的嘴巴可以用"恐怖"来形容了 —— 血盆大口像身体一样宽,大嘴巴里长着两排坚硬的牙齿。前端有皮肤褶皱伸出去,看起来很像鱼饵,鮟鱇利用此饵状物摇晃,引诱猎物,可怕的大嘴巴一张开,可达平常的数倍,鮟鱇会以迅雷不及掩耳之势把猎物一口吞到肚子里,凶猛至极。一不小心,狮子鱼、白姑鱼、星康吉鳗、细条天竺鲷这些中下层鱼类就会被吞入鮟鱇的肚子里。

19. 神秘的海洋灯火——灯笼鱼

灯笼鱼

海中夜航,要是你注意的话,在一片漆黑的海面上,有时突然会看到游来一条"火龙",或者一行亮堂堂的"火炬"。这些灯火是海中的一些动物点起来的。在大海的深处这种点灯的动物很多。它们给宁静的海底世界带来了生命的气息。在发出灯光的神奇生物中,灯笼鱼就是一种。

灯笼鱼又叫做头尾灯鱼、提灯鱼、车灯鱼等,属于小型深海发光鱼。它们体长形,头、眼、口都大;两颌、犁骨、腭骨具锐利小齿;胸鳍和腹鳍短小,尾鳍呈深叉形;在头、胸、腹、臀鳍及尾柄上有排列规律、左右对称的发光器。

灯笼鱼

灯笼鱼的发光器，是一群皮肤腺细胞特化而成的发光细胞。这种细胞能分泌出一种含有磷的腺液，它在腺细胞内可以被血液中的氧气所氧化，而氧化反应中放出的一种荧光就是灯笼鱼所发出的光。但是，这些"灯火"，只发光，不发热，所以人们称它们为海底的"冷灯"。

灯笼鱼的种类繁多，分布在北极到南极的各大洋，已知的约有240种，大多为身长5～15厘米的小型种，体侧排列着发光器，发光器的数量和排列位置依种类而不同，雌、雄间也有差异。

在夜里，点起"灯笼"来，小动物看到灯光，就被吸引过来成了灯笼鱼的点心。有了灯光，灯笼鱼还能寻找和邀请自己的同伴，凶猛的敌人看见了，就不敢轻易地侵袭它们。

有的灯笼鱼的尾部有一个发光的追逐器，很像汽车的尾灯；有的头部还有一个特大的发光球，很像我国古代的灯笼；有的远远望去，犹如节日辉煌的彩灯。在漆黑的海洋深处，这些时常出现的游动的点点"灯火"，给宁静的海底世界带来了生命的气息。

灯笼鱼

20. 海洋中的鱼医生——裂唇鱼

裂唇鱼

裂唇鱼俗称"倍良"、"漂漂"等。裂唇鱼体呈枪形,侧面略扁。幼鱼体色呈黑色且有蓝纵带,成体鱼则为黄白色有蓝黑纵带,是清洁鱼的一种。

裂唇鱼天生的本领是专门在各种"病鱼"身上捕食寄生虫,因此被称为"鱼医生"。裂唇鱼需要生存,大鱼需要去除身体上的寄生虫,它们之间的关系是一个互利共生的绝妙例子。裂唇鱼一般在礁石附近等着"病鱼"上门,它们能将"病鱼"体表、鱼鳃甚至口腔表面的寄生虫一口一口地吃掉。由于它们给病鱼除虫治病认真负责,深得"病鱼"的好感,"病鱼"都会温顺地让裂唇鱼在自己身上捕捉寄生虫,而且主动张开大口和鳃盖,让裂唇鱼进入口腔或鳃腔里捕虫和清除污物。凶恶的大海鳝对裂唇鱼也十分友善,从来不会伤害它们,有时还充当裂唇鱼的保护者。

在裂唇鱼的"小社会"里,"头领"这个角色是由一条体型最大的雄鱼来充当的。以领导者为中心,周围有3～6条雌鱼围着它。性逆转的情形发生在雄鱼首领消失时,最大的雌鱼采取像雄鱼般的攻击行为,此行为发生在雄鱼消失后的1～2小时。数小时后,这条最大的雌鱼就能完全代替领导者的地位而看守自己的领域范围。2～4天后,这个新的领导者会变成雄鱼。

裂唇鱼的顾客有两大类:一类是只在当地活动的鱼,一类是周游的鱼。只在当地活动的鱼没有多少选择余地,只能找固定的裂唇鱼,而四处游弋的鱼则可"货比三家"。所以对于裂唇鱼来说,它们对后者的服务要更好一些,这样可以吸引更多的"回头客"。

裂唇鱼

21. 爱搭便车的懒汉——鲫鱼

一条鲫鱼吸附在海龟背上到处旅行

鲫鱼,外号叫做"天生旅行家",堪称是世界上"最懒"的鱼。鱼身体细长,最长可达1米。头偏小,头与体前端的背侧平扁,有一长椭圆形吸盘,身体从前往后渐成圆柱状;眼间隔宽平,全由吸盘占据。

鲫 鱼

鲫鱼的吸盘中间有一根纵条,将吸盘分隔成两块,每块都规则地排列着22～24对软质骨板,这些骨板可以随意竖起或倒下,它的周围是一圈富有弹性的皮膜。贴着附着物时,软质骨板就马上竖直,挤出吸盘中的海水,使整个吸盘形成许多真空小室。借助外部大气和水的巨大压力,鱼就牢牢地"印"在附着物上了。

　　鲫鱼游泳能力很差,吸盘可谓是鱼的"杀手锏"。鲫鱼是典型的"免费旅行家"。它们时常附在大鲨鱼、海龟、鲸的腹部或船底甚至游泳者或潜水员的身上搭便车免费旅游,往往在摄取完养料之后就更换宿主,可谓是个不折不扣的"寄生虫"。

　　众所周知,鲨鱼是海洋中最凶猛霸道的鱼类,不过曾有报道称在一家海洋世界里鲨鱼曾成了被"欺负"的对象——一条身长近1米的鲫鱼随时可以从比它大几倍的鲨鱼口中抢夺食物,鲨鱼为此经常饿肚皮。据介绍,此海洋世界已有两条鲨鱼因饥饿生病死亡。放进鲫鱼的初衷是给鲨鱼做个伴,可没想到现在反而轮到鲨鱼受欺负了。鲫鱼会用自己强力的吸盘死死贴在鲨鱼的身上,无论鲨鱼游向哪里,鲫鱼都会寸步不离;如果有小鱼靠近,鲫鱼就会冲过去,先将食物揽入口中,迟到的鲨鱼拿它毫无办法。结果,那两条鲨鱼都饿死了。

鲫　鱼

　　据说,有时鲫鱼也钻进旗鱼、剑鱼、翻车鱼等大型硬骨鱼的口腔或鳃孔内,这时只好忍耐一下了。鲫鱼这种行为不但可以避开敌害的攻击,而且还可以在"主人"身体内找到一些食物碎片充饥。鲫鱼这一特性早已被渔民发现了,渔民们巧妙地把鲫鱼作为一种捕获大海中珍贵动物的工具。据说,桑给巴尔岛和古巴渔民抓到鲫鱼后,先把它的尾部穿透,再用绳子穿过,为了保险,再缠上几圈系紧,拴在船后,一旦遇到海龟,他们就往海里抛出 2～3 条䲟鱼,不一会儿,这几条䲟鱼就吸附在大海龟的身上,这回䲟鱼也许还蛮想高高兴兴地周游一番,谁料到,这时渔民已在小心地拉紧绳子,一只大海龟连同䲟鱼又回到了船舱里。

22. 胜过百味——河豚

河　豚

话说苏轼谪居常州时,有一士大夫家善于烹制河豚,便邀请大名鼎鼎的"苏学士"上门品评。哪知苏轼只顾埋头大啖,不闻赞美之声。众人正失望之时,已经打着饱嗝的苏轼,忽然又把筷子伸向盘中,口中说道:"也值得一死!"其"食河豚而无百味"是对河豚美味的绝妙赞颂。

河豚,名河,古名肺鱼,其鱼体呈纺槌状,头腹肥大,当遇到危险的时候,它能够使自己的身体膨胀到几倍之大,所以也称气鼓鱼、气泡鱼。河豚有毒,但因其味道鲜美无比,还是有众多人同苏轼一样认为"值得一死",可以说河豚是让人又爱又怕的美味。

河豚味美,是中国"长江三鲜"(河豚、刀鱼、鲥鱼)之首。中国自古就有烹食河豚的习惯,尤其是江南地区,比之今日日本人吃河豚的习惯有过之而无不及。据《山海经》记载,早在距今 4 000 多年前的大禹治水时代,长江下游沿岸的人们就食用河豚。宋人张师正的《倦游杂录》记载:"每至暮春,柳花坠,此鱼大肥,江淮人以为时珍,更相赠遗。"并且,人们很早就对河豚的毒性有所见解。沈括在《梦溪笔谈》中说:"吴人嗜河豚,有遇毒者,往往杀人,可为深戒。"为了防止中毒,古人还发明了"饮芦菜汤以解其热"的方法。李时珍在《本草集解》中提到:"河豚,水族之奇味,世传其杀人,余守丹阳、宣城,见土人户户食之。但用菘菜、蒌蒿、荻芽三物煮之,亦未见死者。"古人认为加上青菜、芦蒿和荻芽一起煮食就能去除河豚毒,实际上真正起作用的在于"煮",高温加热在一定程度上去除了毒性。

河 豚

古时吃河豚的多是文人雅士,因此也产生了许多歌咏之作,最著名的当属苏轼的《惠崇春江晓景》:"竹外桃花三两枝,春江水暖鸭先知。蒌蒿满地芦芽短,正是河豚欲上时。"梅尧臣在范仲淹宴席上听到宾客们绘声绘色地讲述河豚时,忍不住即兴作诗:"春洲生荻芽,春岸飞杨花。河豚当是时,贵不数鱼虾。"明人徐渭也有《河豚》诗云:"万事随评品,诸鳞属并兼。惟应西子乳,臣妾百无盐。"捧抬之下,河豚的名气扶摇直上,大有凌驾于众鱼之上的架势。

河豚有剧毒,最毒的部分是卵巢、肝脏,其次是肾脏、血液、眼、鳃和鱼皮,其毒素能使人神经麻痹、呕吐、四肢发冷,进而心跳和呼吸停止。从一只中等体型河豚中提取的河豚毒素就可以毒死 30 个人。吃河豚中毒死亡者,在国内外屡见不鲜。纵使如此,由于河豚的味道鲜美在一般鱼之上,所以还是有众多的人"拼死"吃河豚。

在日本,吃河豚有着悠久的历史,几乎各大城市都可见河豚饭店,日本毫无疑问是世界上最盛行吃河豚的国家,成为其饮食文化的重要部分,以致人们常把河豚鱼片与日本绘画相提并论。在日本吃河豚,加工是十分严格的,一名合格的河豚厨师要接受专业的培训并进行结业考试。考试时厨师要吃下自己烹调的河豚,因此技术不过硬的人早就逃之夭夭了。每条河豚的去毒加工都需要经过 30 道工序,用小刀割去鱼鳍,切除鱼嘴,挖除鱼眼,剥去鱼皮;接着剖开

河豚制品

鱼肚取出鱼肠、肝脏和肾脏等含剧毒的内脏,再把河豚的肉一小块一小块地放进清水中,将上面的毒汁漂洗干净,使鱼肉洁白如玉、晶莹剔透;接着将其切成像纸一样薄的片,再将这些鱼片摆成菊花或仙鹤一样的图样。吃的时候夹起鱼片蘸着碟子里的酱油和芥末放进嘴里慢慢地咀嚼,吃完鱼片后再喝上一碗河豚汤,身心俱足。

23. 与众不同的热血鱼——金枪鱼

金枪鱼

金枪鱼,又叫鲔鱼,香港人仿其英语发音读作吞拿鱼(tuna)。金枪鱼体型像一颗巨型"鱼雷",尾鳍形如弯月,因为肌肉中含有大量的肌红蛋白,所以肉色鲜红似牛肉。它的肉质肥美丰厚,自古以来都是人类的美食,古希腊时代就有食用金枪鱼的记载。金枪鱼低脂而高蛋白,所以营养价值高,再加上具有美容、健脑、护肝等作用,金枪鱼作为一种健康的现代食品备受推崇。全世界都把它视为高级食品和顶级美味,欧美国家尤其青睐,把金枪鱼肉比作"海鸡肉"或"小牛肉"。金枪鱼的旅行范围远达数千千米,能跨洋环游,被称为"没有国界的鱼类"。

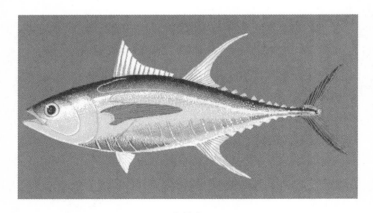

金枪鱼

蓝鳍金枪鱼又称黑金枪鱼，是金枪鱼中最稀少的。它体型巨大，最大者体长可达 4.3 米左右，体重达到 800 多千克，寿命可达 30 年。蓝鳍金枪鱼被称作海里的猎豹，整个身体呈流线型，朝着追求速度和力量的方向进化。它还具有很强的环境适应能力，既可在北极寒冷地带，也可在热带地区的海洋中生活。蓝鳍金枪鱼肉的脂肪含量远远高出其他金枪鱼，肉质鲜美，入口即化，因此是制作生鱼片的顶级食材。日本对生鱼片的热爱有目共睹，所以全世界 80% 以上的蓝鳍金枪鱼都被日本人消费了也就不足为奇。一条普通蓝鳍金枪鱼在日本的价格一般要超过 8 万美元，2011 年 1 月更是出现了 39.67 万美元的天价，创下了世界纪录。

因为极高的经济价值，全球的蓝鳍金枪鱼遭到滥捕，短短几十年，曾经在海洋中浩浩荡荡的金枪鱼就遭遇到了生存危机，20 世纪 70 年代以来，仅生活在大西洋的蓝鳍金枪鱼数量就下降了 9 成。出于保护物种的考虑，蓝鳍金枪鱼已经被一些地区列为"避免食用"。

绝大多数鱼类是冷血的，而金枪鱼却是热血的，体温高和新陈代谢旺盛使金枪鱼的反应矫捷迅速，成为超级猎手。2010 年 3 月中旬在卡塔尔首都多哈举行的联合国《濒危野生动植物物种国际贸易公约》会议上，金枪鱼成为媒体关注的热门话题，争议的焦点在于把金枪鱼定位为濒危物种还是商业资源。世界自然基金会估计，以目前的捕捞速度，在地中海产卵的大西洋蓝鳍金枪鱼将很快会消失。

24. 海洋中的飞行家——飞鱼

飞　鱼

在热带、亚热带和温带海域,经常会出现这样的场景:蓝色的海面,突然跃出了成群的"小飞机",它们犹如群鸟一般掠过海空,高一阵,低一阵,翱翔竞飞,景象十分壮观。产生这种壮美景观的就是以飞行而著称的飞鱼。

巴巴多斯是位于加勒比海东端的珊瑚岛国,以盛产飞鱼而闻名于世。这里的飞鱼种类很多,小的飞鱼不过手掌大,大的有 2 米多长。飞鱼是巴巴多斯的特产,也是这个美丽岛国的象征,许多娱乐场所和旅游设施都是以"飞鱼"命名的,用飞鱼做成的菜肴则是巴巴多斯的名菜之一。站在海滩上放眼眺望,一条条飞鱼破浪而出,迎着浪花腾空"飞翔",令人目不暇接。游客们在此不仅能观赏到"飞鱼击浪"的奇观,还可以获得一枚制作精致的飞鱼纪念章。

飞鱼共有 8 属 50 种。它们长相奇特,体型较短粗,近乎于圆筒形;胸鳍特别长,最长可达体长的 3/4,呈翼状,尾鳍呈深叉形;体色一般背部较暗,腹侧银白色,胸鳍颜色各不相同。飞鱼由于肩带和胸鳍发达,在尾鳍和腹鳍的辅助下,能够跃出水面滑翔,这种技能便于飞鱼逃避鳅、剑鱼等敌害的追逐。

科学家通过高速摄影揭开了飞鱼"飞行"的秘密。确切地说,飞鱼并不会飞,只能进行短距离的滑翔。飞鱼准备离开水面时,必须在水中高速游泳,胸鳍紧贴身体两侧,像潜水艇一样稳稳上升。在海面上用尾部用力拍水,使身体射入空中;跃出水面后,打开胸鳍与腹鳍快速向前滑翔。飞鱼在滑翔过程中"翅膀"并不扇动,而是靠尾部的推动力在空中做短暂的"飞行"。如果将飞鱼的尾鳍剪去,再放回海里,它们就再也不能腾空了。

仿飞鱼导弹

　　法国人研制了一种导弹,是一种能低空飞行的空对舰导弹,造价较低,取名为飞鱼导弹。

25. 会爬树的鱼——弹涂鱼

弹涂鱼

弹涂鱼，又叫做"跳跳鱼"、"花跳"，弹涂鱼是一种行动敏捷的、长着灯泡似眼睛的两栖鱼类，生活在岸边的红树林中和平坦的海边泥地上。茁壮的树木把海洋和陆地连接起来，不久就有生物冒险来到海边，样子奇特的弹涂鱼就是其中的一员。弹涂鱼身体前部略呈圆柱状，后部侧扁；眼位于头部的前上方，突出于头顶，两眼颇接近；腹鳍短且左右愈合成吸盘状；肌肉发达，故可跳出水面运动。

弹涂鱼肉质鲜美细嫩、爽滑可口，含有丰富的蛋白质和脂肪，因此日本人称其为"海上人参"；特别是冬令时节弹涂鱼肉肥腥轻，故又有"冬天跳鱼赛河鳗"的说法。

弹涂鱼离开水远行时会在嘴里留一口水，以此来延长它在陆地上停留的时间，因为嘴里的水可以帮助它们呼吸。弹涂鱼的腹鳍已进化为吸盘，可帮助它们牢固地待在自己的位置上，还可以强有力地把身体托起爬上树，然后胸鳍把身体往前拉，两者协调运动就能让弹涂鱼走得更远。

每到春季，雄鱼就会寻找合适的地面作为自己的势力范围，然后在泥地上挖一个洞。洞挖好后，雄鱼就开始四处寻找配偶。退潮后，雄鱼开始在雌鱼面前跳"求偶舞"。为了引起雌鱼的注意，雄鱼往嘴、鳃腔充气而使其头部膨胀起来，同时它还通过将脊背弯成拱形、竖起尾鳍、不断扭动身体等挑逗性动作来引诱雌鱼。如果另一条雄鱼来到跟前，它会更加卖力地表演，以免它的"意中人"被别人抢去。在此期间，它每隔一段时间就要停下来，看看对方是否已对自己

弹涂鱼

失去了兴趣或落入它的竞争对手的"魔爪"里。然后,这位"求婚者"会钻入它的洞中,并很快再钻出来,以此来引诱雌鱼。它似乎在向雌鱼传达这样一个信息:"进来吧,这里是你温暖的家。"弹涂鱼的花招还真是不少。

26. 浪尖上的舞者——大马哈鱼

大马哈鱼

相传唐王东征时来到黑龙江边,正逢"白露"时节,被敌人围困,外无援兵,内无粮草。正当唐王一筹莫展之时,一大臣奏道:"何不奏请玉皇大帝,向东海龙王借鱼救饥?"唐王听从了大臣的建议,向玉帝奏请。玉帝便令东海龙王派一条黑龙带领鲑鱼前来镇守这条江,人马有了鱼吃,力量倍增,大获全胜。马原来是不吃鱼的,自此马便开始吃鱼了,但也只是吃鲑鱼。后经演绎,就把鲑鱼叫做"大麻(马)哈鱼"。

大马哈鱼

大马哈鱼又名鲑鱼。大马哈鱼体侧扁,背鳍起点是身体的最高点,从此向尾部渐低弯;吻端突出,微弯,形似鸟喙;口大,内生尖锐的齿,是凶猛的食肉鱼类。大马哈鱼9月份进入江河支流时体色银白或散布小黑点,两侧有暗色横条纹,生殖季节颜色变鲜艳;生活在海洋时,体呈银白色。中国的黑龙江畔盛产大马哈鱼,是"大马哈鱼之乡"。

大马哈鱼属溯河洄游性鱼。在生殖季节,大马哈鱼便成群结队地离开海洋进入江河,溯流而上,越过鄂霍次克海,洄游到乌苏里江和黑龙江——它们出生的地方。为了繁殖后代，它们几乎是不顾一切，迎着严寒，穿过激流，跃过险滩，溯河而上。由于时间集中，鱼群集中，中途稍有阻塞，便前仆后继、蜂拥簇至，形成壮丽的自然奇观。产完卵的大马哈鱼体无完肤、面目全非，就在这祖祖辈辈完成生殖使命的地方，一批批血肉模糊的大马哈鱼悲壮地死去，一层又一层大麻哈鱼的尸体漂浮在江面——其实只有0.4%的大马哈鱼能回到出生地完成产卵，这就是所谓的"海里生，江里死"。

"少小离家老大回"，出游万里，生死回归一处。它们依靠的是一种什么样的记忆或是机制？有人说是家乡河流的气味在引路，有人说不是。总之，按人类的直觉来理解，这还是一个难以解答的自然之谜。我们人类也要像大马哈鱼一样，要敢于在生活的浪尖上跳舞，去走完自己所向往的一生！

27. 凶猛残暴的鱼——海鳗

海 鳗

海鳗也叫做尖嘴鳗、乌皮鳗、九鳝、门鳝、狼牙鳝、勾鱼等。全球有 8 属 14 种海鳗。海鳗是海洋里一种非常凶猛的生物,长相可怕,性情残暴。

海鳗一般体长 50 厘米以上,身体呈长圆筒形,头尖长,后部侧扁。它们的眼大,近圆形,眼间隔微隆起。最引人注目的是它们的口大,上颌突出,略长于下颌,两颌牙强大而锐利。海鳗性情凶猛,贪吃,水质清澈时喜欢蜗居在洞穴里,而一旦风浪把水质弄浑浊后就趁乱四处觅食。

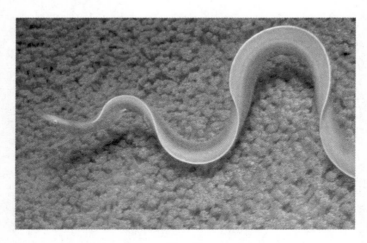

海 鳗

当海鳗袭击在深海中的潜水员或采集海产品的人时，它们会紧紧咬住人的腿或胳膊，直至把人淹死。有些种类的海鳗有毒，哪怕是被它们咬一小口，也会有危险。当海鳗捕食时，它们会以闪电般的速度向猎物靠近，然后用前端有牙的上下颌夹住猎物。几乎同时，隐藏在咽喉后部的如同叉子一般具有攻击性的内颌就会跳出来，扑向猎物，然后拖入腹中。海鳗的这种吞食方式很独特。

28. "六亲不认"的鱼——带鱼

带 鱼

带鱼的体型正如其名,侧扁如带,呈银灰色;背鳍及胸鳍呈浅灰色,有很细小的斑点,尾巴为黑色。带鱼头尖口大,到尾部逐渐变细,好像一根细鞭,全长1米左右。带鱼是一种比较凶猛的肉食性鱼类,有"昼伏夜行"的习性。它们游动时不用鳍划水,而是通过摆动身躯向前运动,行动自如;既可前进,也可以上下窜动,动作十分敏捷。

带鱼在海洋鱼类中是一种小型鱼,但它们的性情却非常凶猛。它们对生活在周围海域中的其他生物,总是不分青红皂白胡乱吞食、撕咬不放,一直吃到大腹便便方肯罢休。渔民都知道,带鱼之间经常出现自相残食的现象。每当带鱼饥饿的时候,不管是父母、兄弟一概翻脸不认,强者吃弱者,实力差不多的就相互搏斗,直到两败俱伤或一伤一亡方才罢休,真可谓"六亲不认"。聪明的渔民就是利用带鱼的这种残忍性格,将计就计地采用以带鱼钓带鱼的方法,常常会出现一条带鱼上钩、另一条带鱼咬尾,甚至接二连三地拖上数十条带鱼的奇异现象。

皇带鱼是传说中的海洋怪物,属鲈形目皇带鱼科,它们生活在深海的中上层。关于皇带鱼的恐怖传说很多,欧洲渔民称它们为"海魔王"。

皇带鱼的生活习性不详,只生活在太平洋和大西洋的温暖海域深处,它们是世界上最长的硬骨鱼,属于肉食性鱼类,它们性情凶猛,捕食能发现的一切海洋动物,并且还有同类自相残杀的行为。其食物包括各种中小型鱼类、乌贼、磷虾、螃蟹等。尽管它巨大的身躯和丑陋的面孔显得狰狞恐怖,但皇带鱼的游动速度很慢,也不具备其他带鱼那样杀伤力极强的满口利齿,平时只是头朝上尾朝下漂浮于海底,待猎物游过嘴边时一口吸入,其坚硬的上下颚足以咬碎甲壳

皇带鱼

类。皇带鱼的嘴和带鱼不同，很小但有两颗很锋利的大牙，看到大鱼到自己的攻击范围之内就把自己的身子缩起来，鱼游到它的上面，它就像弹簧一样很快的弹出去咬住鱼。

科学家经过研究认为，皇带鱼之所有如此凶残的举动都源于它们所生活的深海中其他鱼类稀少，食物匮乏，为了生存，经过长久的进化而来的。这一发现也再一次印证了大自然"弱肉强食、适者生存"这个亘古不变的法则。

29. 护肤佳品——石斑鱼

石斑鱼

石斑鱼因其身上的花色条纹和斑点而得名。它的外貌给人留下深刻印象：短而胖的身体上有许多斑点，背上长着长长的尖刺，大大的头上长着一双凸出的眼睛、两片厚厚的嘴唇。石斑鱼喜欢在海里捕捉小鱼小虾吃，它的牙齿非常锋利，捕猎时凶猛迅速。因为经常捕食鱼、虾、蟹，石斑鱼体内含有珍贵的天然抗氧化剂虾青素。虾青素具有延缓器官和组织衰老的功能，再加上石斑鱼的鱼皮胶质中含有丰富的胶原蛋白，配合抗氧化剂能产生美容护肤的作用，因此，石斑鱼有"美容护肤之鱼"的称号。

石斑鱼还有变色的本领，它在沙地上觅食的时候就会变成白色，把自己伪装起来。更为奇特的是，石斑鱼为雌雄同体，可以变性，第一年性成熟时都是雌性，第二年再转换成雄性，所以捕捞上来的石斑鱼通常雌性居多。

野生的石斑鱼主要分布在太平洋和印度洋温暖的海域，由于它们生活在礁岩缝隙间，加上不像鳕鱼那样喜欢结成群，因此捕捞的数量有限，市场上的供应量少，致使其价格偏高。21 世纪初，我国开始推广人工养殖石斑鱼，但由于它们喜欢温暖的海水环境，所以目前只有海南、广东、福建等地沿海可以养殖。

在大陆，通常只有高档酒店才能见到石斑鱼的身影。而在与大陆隔海相望的中国台湾地区，却几乎是石斑鱼的天下。迄今为止，全球仅有的 8 种石斑鱼人工繁殖技术中有 7 种源自中国台湾。由于石斑鱼怕冷，而中国台湾拥有得天独厚的水温环境和顶级的养殖技术,因此石斑鱼成了宝岛的宝贝,是中国台湾最重要的养殖鱼类之一。

石斑鱼的故乡——台湾永安

中国台湾每年在"石斑鱼的故乡"永安都会举行规模盛大的"石斑鱼文化节"。在那里,有热闹的赛石斑鱼比赛、丰盛的石斑鱼美食桌,还有石斑鱼文化观光、晚会与烟火秀;除了能够直接品尝到最新鲜的石斑鱼料理,还能参观石斑鱼的产业展、摄影展、趣味知识展及装置艺术展,从多个方面一览石斑鱼的风采,让人们在享受美食乐趣之余,对石斑鱼的热爱也升华了一层。

清蒸石斑鱼

石斑鱼肉质细嫩有质感,味道让人联想到鸡肉,因此许多吃客把它叫做"海鸡肉"。石斑鱼低脂肪、高蛋白,是高档筵席必备的佳肴,被奉为"四大名鱼"之一。石斑鱼常用烧、爆、清蒸、炖汤等方法成菜,也可制肉丸、肉馅,但说到代表菜式,当然首推清蒸石斑鱼。清蒸可谓最保全营养、最忠于食材本味的料理方法。内陆城市吃的多是浓火鱼,做法基本上是重油重盐的。石斑鱼鱼肉富含人体所需要的多种微量元素和维生素,而且它还有着多变的口感,从鱼鳃、鱼眼到鱼肚,时而柔嫩,时而筋道。粤菜简朴的清蒸再浇上姜丝、豉油,难得的清新鲜美俘获了很多北方人的胃。其实,清蒸鱼看似简单,却很考验厨师的功力。要想把鱼做得鲜而香气十足,必须

清蒸石斑鱼

有充足的蒸汽压力,否则虽然做熟了,但是肉的口感不实,香气也缺乏。

30. 海中棒槌——鲻鱼

鲻　鱼

《台海采风图考》是这样描述鲻鱼的："鱼（鲻鱼）黑色如鳅，长不盈尺，二目突出于额，身多绿斑。志称多在海边泥涂中，善跳跃，土人以为美味。置于地上能跳，亦能行数步。"

鲻鱼细长，有些像棒槌，所以人们又叫它"槌鱼"，眼圈大，内膜与中间带黑色。它不像其他鱼对于温度和盐度有严苛的要求。它对环境的适应能力非常强，无论是在淡水、咸淡水中还是在盐度高达 40 的海中，它都能优哉游哉，水温低到 3 ℃，高到 35 ℃，生活都没有问题。当然，它还是更喜欢温暖的地方一些，温热带海域，浅海或河口水深 1～16 米的水域，是它经常栖息的地方。天冷时它也有法子，游到深海中生活。它也不挑食，海底淤泥上的附着物以及小型生物它都吃得津津有味，藻类它也不拒绝，把自己养得肥肥美美的。鲻鱼肉含蛋白质为 22%，脂肪为 4%，富含 B 族维生素、维生素 E、钙、镁、硒等营养元素，早在3 000 多年前，鲻鱼就是王公贵族的高级食品之一。鲻鱼还有药用价值，其鱼肉性味甘平，有健脾益气、消食导滞等功能，对医治脾虚、消化不良、小儿疳积及贫血等病症都有一定疗效。鲻鱼无细骨，鱼肉香醇而不腻，味道鲜美，尤其是冬至前的鲻鱼，鱼体腹背都很丰腴，常被作为宾馆酒楼的海鲜佳肴。

提到鲻鱼，便不得不提到"乌鱼子"。这是鲻鱼的哪个部位呢？——是它的卵巢。上好的乌鱼子表面是琥珀色，几乎透明，丰美坚实。乌鱼子含有丰富的蛋白质、维生素 A 和脂肪，其中脂肪的主要成分是蜡脂，有补养神经的功效，比一般鱼卵所含有的磷脂更加珍贵。这样珍贵的乌鱼子，吃起来也很讲究，你可以把它放在生葱上，用白萝卜片包裹，三者一道入口，慢慢咀嚼，便有一种只可体会不可言说的滋味在心头。

关于鲻鱼，还有个有趣的传说呢！三盘港内，有鲻鱼、鲈鱼、鲳鱼、鳗鱼、蟹虾，它们共推一尾"百岁鲻鱼"为王。聪明的讨海人在港内放下雷网，捕鱼捉虾。"百岁鲻鱼"眼看自己的兵将越来越少，愁眉苦脸，一直在想着对策。有一年的除夕夜，"百岁鲻鱼"在王府设了除夕酒，请来所有的部下，王府里碰杯，猜拳，很热闹。酒宴要散时,老鲻鱼对大家说,这几年子孙不旺、兵将减少,为此他决定把自己多年练成的武艺传给大家。大王话一落,虾兵蟹将个个欢喜叫好。

鲻 鱼

传艺开始,老鲻鱼的嫡亲鲻鱼群走上前,行一个礼站在一边。老鲻鱼说:"我们祖孙生来能跳善钻,你们若是看着雷网顶头,就向网底下面钻;看着雷网在地,就从网顶上面跳!"老鲻鱼说完,鲻鱼群就游走了。从这以后,鲻鱼用跳加钻的本事,雷网对它们就没有用了。虾仔第二批游上前来,给大王打了一个揖。老鲻鱼满意地点点头:"虾团孙儿们,雷网眼儿很大,只要你们身子不再长大,就可以在雷网中出出入入了!"虾仔欢欢喜喜回去了。从这以后,虾仔的身子就不再大,雷网也围捕不到。鳗鱼游到老鲻鱼面前,老鲻鱼笑着说:"你们本来就是土生土长的,海涂就是你们的福洞。若是看到雷网,你们就向洞里钻,决不会出危险。"鳗鱼听了,谢过老鲻鱼,欢欢喜喜游走了。从此,雷网也捕不到鳗鱼。蟹举着一双大钳,横冲直撞爬过来,它不敬礼也不弯腰,一点礼貌都不讲。老鲻鱼看了,说:"蟹孙,你的脾气还没有改。骄必败,会吃亏的呀。大钳是你们好兵器,碰到雷网,万不要钳它呀……"蟹觉得这些话,听过好几遍了,没有什么新名堂,最后一句话没听进,威风凛凛离开了。后来,蟹碰到雷网,又要显示自己的本事,张开双钳,紧紧咬住网不放,结果一只一只送了命。最后,轮到鲻鱼和鲳鱼了。平时它们最贪吃,鲳鱼吃得胖墩墩的,身比头大;鲻鱼吃得油光满面,全身发光。今日吃酒,喝得醉醺醺的。它们一摇一摆来到老鲻鱼面前,正要行礼,双腿一软,跪倒了。老鲻鱼只当他们有礼笑眯眯地说:"好鲳鱼,你的身子真胖呀!若是遇上雷网,向后退,就不会被抓走。小鲻鱼身带宝刀,若是遇到雷网，杀它个寸网不留！"老鲻鱼越讲越欢喜，声音越讲越高："不要怕，大胆向前冲！"这时，鲳鱼被老鲻鱼的话惊醒了，别的话没记，只记着一句："不要怕，大胆向前冲！"可怜的鳓鱼醉得太厉害，一句也没有听进去。老鲻鱼传艺完毕，被一群鱼兵虾将拥走了。从这以后，鲳鱼碰到雷网，是大胆向前冲，结果头大肚大，全身被网勒得紧紧。鳓鱼呢，一遇到雷网，赶紧后退，头上的鳞、鳍、刺全被网眼倒卡住，结果一条条都被捕牢了。

31. 古已食之——鳓鱼

鳓鱼

鳓鱼主要分布在印度洋和太平洋西部,在我国的渤海、黄海、东海和南海均有分布。鳓鱼洄游季节性较强,对温度的反应敏感。每年的 4 月下旬,鳓鱼便由黄海南部游向渤海近岸。它们分 3 支分别游向辽东湾、莱州湾和渤海湾。9 ～ 10 月,水温下降,它们便游离渤海,到黄海南部集中。鳓鱼的主要食物为头足类、甲壳类、小型鱼类等。

鳓鱼

鳓鱼是中国渔业史上最早的捕捞对象之一。如果你去山东省胶州市三里河的"新石器时代"遗址去看看,在那里你会有时空穿越的感觉。5 000 年前的鳓鱼鱼骨头就在这里出土,可见,鳓鱼自古就是人类喜食的对象。的确,鳓鱼的味道真令人垂涎,无论是新鲜烹饪的鳓鱼美食,还是经过腌制加工的鳓鱼鱼干都味鲜肉细,而且营养价值极高。用传统的烹调方法制成的鳓鱼罐头,更别具风味,远销国内外。

　　宋代《雅俗稽言》有言:"鳓鱼似鲥而小,身薄骨细,冬天出者曰'雪映鱼',味佳,夏至味减,率以夏至前后以巨艘入海捕之。"范蠡在《养鱼经》中有述"鳓鱼,腹下之骨如锯可勒,故名。"可见古人已对鳓鱼作了较翔实的记载。

清蒸鳓鱼

　　鳓鱼不仅味鲜肉细,还富含蛋白质、脂肪、钙、钾、硒等营养物质。鳓鱼含有丰富的不饱和脂肪酸,具有降低胆固醇的作用,对防治血管硬化、高血压和冠心病等大有益处。《本草纲目》中说:"……肉甘平、无毒,主治开胃暖中,作鲝尤良。"鳓鱼味甘,性平;能开胃暖中,补脾益气;用于辅助治疗脾胃虚弱,少食腹泻,气血不足和心悸短气。

32. 大吉大利——加吉鱼

加吉鱼

加吉鱼，又叫真鲷、铜盆鱼，分红加吉和黑加吉两种，其中红加吉尤为名贵。加吉鱼自古就是鱼中珍品，民间常用来款待贵客。在中国胶东沿海都有出产，以蓬莱海湾的品质最佳。每年初春，香椿树上的叶芽长至一寸长时便是捕获加吉鱼的黄金季节，有"香椿咕嘟嘴儿，加吉就离水儿"的民谚。清朝学者郝懿行在《记海错》中有云："登莱海中有鱼，厥体丰硕，鳞鬐赦紫，尾尽赤色，啖之肥美，其头骨及目多肪腴，有佳味。"加吉鱼肉质坚实细腻、白嫩肥美、鲜味醇正，尤适于食欲缺乏、消化不良、气血虚弱者食用。加吉鱼最鲜美的部位是它的头部，含有大量脂肪且胶质丰富，熬出来的鱼汤汁浓味美，还可以解酒。在胶东沿海，渔船出海有一个规矩，若捕上一条加吉鱼，鱼头自然是要留给船老大的。宴客时若在饭馆里点上一条加吉鱼，行家必不动鱼头，先吃鱼肉，以示对客人的尊重。

加吉鱼在历史上有许多别称，但在胶东，人们比较认同的还是"加吉"，一来因为有"吉上加吉"之意，二来也与一段传说有关。相传，唐太宗李世民来到登州（现在的山东蓬莱），择吉日渡海游览海上仙山（现今的长山岛），在海岛上品尝了一种色味俱美的鱼之后，问随行的文武官员此鱼为何名。众人不知又不敢胡说，只好作揖答道："皇上赐名才是。"唐太宗想到今日是择吉日渡海，品尝鲜鱼又为吉日增添光彩，于是赐名"加吉鱼"。

不管这传说是否属实，只因加吉鱼属鱼中上品，身形优美，很适合人们的审美倾向，赋予它一个美好的名称便不足为奇了。有了这样一个吉祥的名字，招待贵客或喜庆家宴一定要用加吉鱼，便成为胶东民间一条不成文的规矩。

加吉鱼一般以一二十条群居，其中只有一条雄鱼，为"一夫多妻"制。如果雄鱼死了,便有一条最强壮的雌鱼变成雄鱼,带领其余的雌鱼开始新生活。而且,为什么加吉鱼可以由雌鱼变成雄鱼呢?原来,雄加吉鱼身上有鲜艳的色彩,一旦死去光色便会消失,身体最强壮的雌鱼神经系统首先受到影响,随即在它的体内分泌出大量的雄性激素,使卵巢消失,精巢长成,鳍也跟着变大,蜕变成一条雄鱼。

加吉鱼

33. 餐桌常客——黄花鱼

黄花鱼

黄花鱼，简称黄鱼，又名石首鱼。对于它，李时珍有过一段简洁生动的描述："生东海中，形如白鱼，扁身，弱骨，细鳞，黄色如金，头中有白石两枚，莹洁如玉，故名石首鱼。"黄花鱼分大黄鱼和小黄鱼两种，饭馆所用的以大黄鱼为多，其肉如蒜瓣，脆嫩无比，一向受人们欢迎，被称为咸水鱼之王。

据《本草纲目》记载，黄花鱼"开胃益气，晾干称为白鲞，炙食能治暴下痢，及卒腹胀不消，鲜者不及"，一个"鲜者不及"足以表明赞叹之情。不仅如此，黄花鱼还含有丰富的蛋白质、微量元素和维生素，可以补肾健脑，而且肉质肥厚，易于消化吸收，对人体有很好的补益作用。古时人们喜爱把它和莼菜作羹，《初学记》称之为"金羹玉饭"。

据说旧时五月黄花鱼上市时，即使是贩夫走卒、贫困人家，也要称点儿来尝尝，或熏或炸，到处可见。每值庭花绽蕊、柳眼舒青的明媚时节，大青蒜头伴食自家厨房做的黄花鱼，也是人生的一种乐趣。

说起吃黄花鱼，有一段颇有意思的故事。公元前 505 年，吴王阖闾带兵攻打东南沿海民族时，士兵们从海中捕捞黄花鱼给他吃，吴王觉得味道特别鲜美。东征胜利回朝后，吴王仍念念不忘当时在海上吃鲜黄花鱼的情景。可是，黄花鱼极易腐烂，人们便把黄花鱼用盐渍后晒干送给吴王。这些经过盐渍的干黄花鱼，与鲜鱼相比味香且浓，肉实而鲜美，于是龙颜大悦，便明令加以推广。据古书记载："阖闾尝思海鱼而难于储存，乃令人即此地治生鱼渍而日干之。"这大概就是黄花咸鱼的最早吃法了。后来吴王又一次征讨东南沿海，双方都断了粮。

吴王这边捕得黄花鱼充饥，对方却无以为食，只好投降。吴王便将鱼膘、鱼肠等下脚料送给降兵吃，结果降兵个个吃得津津有味。吴王十分惊讶，问其原委，降兵答道："此鱼膘比鱼肉还好吃哩！"吴王取鱼膘尝之，果然鲜美异常，从此，人们又发现了"鱼肚"（又名黄花胶）的吃法。

34. 海中长蛇——鳗鲡

鳗 鲡

鳗鲡是鱼，却如海中长蛇，小头长身，身体呈圆筒形，是洄游性鱼类。刚出生的鳗鲡通体透明，形似柳叶。发育一段时间后，变成白色透明的线状"玻璃鳗"。然后向江河上游游去，距离长达上千千米，体色变黑加深，成为"线鳗"。长大后，身体又会转变成黄褐色，秋天来临之际，膘肥体壮的鳗鲡就会成群结队地游向大海，鳗鲡会"穿"上银白色的"婚纱"，做好产卵的准备。一路上，它们不停歇，不吃饭，到达东海后就产卵。年年如此循环往复，永不停息。

如果你用手去抓鳗鲡，就会发现它全身滑腻。这是为什么？因为鳗鲡的表皮中有很多黏液细胞，可以分泌黏液。这些黏液大有用处，可以保护它免受细菌、寄生虫和其他微生物的侵袭，还能调节皮肤渗透压，润滑体表，使鳗鲡游泳时所受的阻力大大减小。除了鳃，鳗鲡的皮肤也能用来呼吸，水温 15 ℃以下或者离开水之后，鳗鲡就靠着它潮湿的皮肤呼吸来维持生命。

鳗鲡是肉食性动物，吃小鱼、虾、蟹、蚯蚓、螺、蚌、水生昆虫等。它捕食一般是晚上，这跟它喜暗怕光有关。鳗鲡还善于钻孔打穴，雨天活动更加频繁，会四处游窜。

鳗鲡的营养价值非常高，被称作水中的"软黄金"，在中国以及世界很多地方从古至今均被视为滋补、美容的佳品。唐代名医孙思邈，梁朝陶弘景，明代李时珍等对鳗鲡的药用价值都有过论述。《本草经疏》说："鳗鲡鱼甘寒而善能杀虫。故骨蒸痨瘵(肺病)及肠痔瘘人常食之，有大益也。"《本草纲目》谓："鳗鲡所主诸病，其功专在杀虫去风耳。"我国现代医学家也认为，吃鳗鲡可以治疗夜盲症,对治疗肺炎、肺结核有效;对妇女产后恢复有奇效。日本人在冬天就常吃香喷喷的烤鳗饭以驱走严寒,保持充沛精力。日本是世界上最大的鳗鲡消费国,年消费量在13万~14万吨,其中从中国进口大约10万吨。正由于鳗鲡经济价值高,19世纪以来,世界各国对鳗鲡养殖的兴趣逐渐增长,我国的鳗鲡养殖业从20世纪80年代中期开始起步,到90年代中期,产量居世界首位,这其中的功劳要归于江苏、浙江、福建等地沿海鳗鲡养殖区。

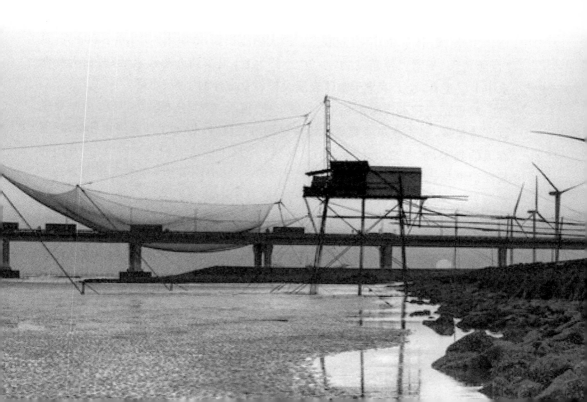

35. 海中青花鱼——鲐鱼

鲐 鱼

　　鲐巴鱼、青花鱼，说的都是鲐鱼。纺锤形的身子，圆锥形的头，大大的眼睛，大大的口，身体上"披"着细小圆鳞，背为青黑色，有不规则的深蓝色斑纹，鲐鱼就是这个模样。如果你想更健康、更聪明，就吃鲐鱼吧。它的营养价值很高，鱼肉中的蛋白质和粗脂肪含量都高于大黄鱼、带鱼和鲳鱼。大部分鲐鱼体长为15～30厘米，体重300～1000克。最大的能长到60厘米左右，重3000克，是"巨鲐鱼"。平常以浮游动物、小鱼、小虾为食，很少到近海浅水活动，白天在海水中上层觅食，晚上就集于水体表层大口吞食上浮的小鱼、小虾。

　　鲐鱼是一种远洋暖水性中、上层鱼种，擅长游泳，分布较为广泛，但是要说到产量最多，那就非东海莫属。鲐鱼是洄游性鱼种，每年3月末到4月初，随着春天的到来、水温的回升，鲐鱼便"结队"一批一批从南到北游向鱼山、舟山和长江口渔场。一部分鲐鱼选择在东海产卵，一部分则继续"向北"，进入青岛—石岛外海、海洋岛外海、烟威外海产卵，还有一小部分去渤海产卵。进入秋天，北方9月的水温没有那么温暖，鲐鱼便陆续南下，来到东海中南部等，度过它们的冬天。

　　如你所知，大黄鱼、小黄鱼、乌贼，以前的"四大海产"资源量锐减，在这样的背景下，是谁成为海洋捕捞资源的"新秀"呢？没错，正是鲐鱼。鲐鱼已经成为我国近海的主要经济鱼种之一。我们说它是"新秀"，其实它的"资历"也不浅。早在 150 多年前,浙江金塘就开始捕捞鲐鱼了。福建、浙江等地海上捕捞鲐鱼也有六七十年的历史。20 世纪 50 年代,鲐鱼很常见,每年五六月份,它们成群结队地游到近海产卵。捕捞时一网下去,能打上千斤;冬天,鲐鱼在深海活动,要用灯光诱捕。70 年代,东海鲐鱼产量"呼呼上升",这大部分是灯光围网捕捞的"功劳"。

36. 温软细腻——鲳鱼

鲳 鱼

鲳鱼，又名平鱼、镜鱼。它身体扁平，体闪银光，犹如镜子，尾鳍呈叉状，兼具食用和观赏。鲳鱼刺少肉嫩味美，又富含高蛋白、不饱和脂肪酸和多种微量元素，所以深受人们喜爱。《宁波志》中有关于鲳鱼的记载："身扁而锐，状如锵刀，身有两斜角，尾如燕尾，细鳞如粟，骨软肉白，甘美，春晚最肥。"在中国的东海、南海海域四季出产鲳鱼，但以农历三月的鲳鱼味道最为鲜美，海边人有"正月雪里梅，二月桃花鲻，三月鲳鱼熬蒜心，四月鲥鱼勿刨鳞"的民谚。三国时的沈莹在《临海水土异物志》中写道："镜鱼，如镜形，体薄少肉。"鲳鱼如同纤秀的江南少女，不但体薄，而且口小牙细，浙江台州人常用"鲳鱼嘴"形容一个人嘴小漂亮。另外，人们普遍认为鲳鱼越大味道越美。

据说，从前鲳鱼的身体是圆滚滚的，而且呆头呆脑，喜欢直来直去。一天，鲳鱼听说海中的大鲨鱼要成亲，好奇心极重的它赶紧跑去凑热闹。它紧走慢赶来到了海底，听到前面吹吹打打，好不热闹。鲳鱼知道新娘子花轿快要到了，却被争着想看新娘子的众鱼虾挡在了后面。鲳鱼好不着急，扭动着圆圆的身体，直喘粗气，拼命横冲直撞，哪知用力过猛，刹不住脚，竟然一头把花轿撞翻了。大鲨鱼火冒三丈，喝令手下把鲳鱼狠狠地打了一顿。鲳鱼挨了两百棍棒，圆圆的身体被打得扁塌塌的，皮也掉了一层。后来，伤口慢慢愈合，长出一层青白色的薄皮，好像一面银白镜子，但身体却永远变成扁平的了。鲳鱼只进不退，虽然吃了场苦头，但是它呆头呆脑、一味直进的脾气始终改不掉。遇到渔网阻挡，鲳鱼只知拼命往网眼里钻，待到渔网围拢，就尽数落网了。难怪渔民们说："鲳鱼好退不退，不该进偏进。"到现在，"鲳鱼直进"这句话还在渔区流传着。

鲳　鱼

鲳鱼是一种优质食用鱼类，肉质鲜嫩，营养丰富，谈起美味，素有"河中鲤、海中鲳"之说。但是，在一些地方的喜宴上，你能看到黄鱼白虾，却很难看到鲳鱼的身影。尤其是在鲁南、苏北一带，许多人把鲳鱼视若砒霜，是绝对不能上席的。原来，这与它的名字有关，"鲳"与"娼"谐音，一些人认为晦气。明代屠本俊在《闽虫海错疏》中写道："鱼以鲳名，以其性善淫，好与群鱼为牝，故味美，有似乎娼，制字从昌。"李时珍《本草纲目》也道："鱼游于水，群鱼随之，食其涎沫，有类于娼，故名。"屠本俊说鲳鱼风流成性，其实是没有根据的；李时珍说鲳鱼游动时举止轻浮，中流出唾沫，引得小鱼小虾追逐而行，也是误解。事实上，这是鲳鱼在排卵，鱼卵产出体外后引来鱼儿吞食。鲳鱼并没有什么"作风不正"的行为，却一直背负着这一"骂名"，所以说，数千年来对鲳鱼的歧视其实是一桩"冤假错案"。

清蒸鲳鱼是一道深受欢迎的家常菜。将新鲜鲳鱼鱼身两面改花刀，加少量精盐、酱油，再放上花椒、大料、干红小尖椒及葱、姜、蒜等调味品，入蒸锅内旺火蒸，出锅前撒上胡萝卜丝和香菜段点缀，最后滴入香油即可。要注意，蒸锅内要先架竹筷，然后放鱼，这样蒸的时候热气便于流通，可缩短加热时间，还能使整条鱼受热均匀；蒸的时间不宜过长，以免鲜味丢失，肉刺也不易分离。李渔在《闲情偶寄》中说过："鱼之至味在鲜，而鲜之至味又在初熟离釜之片刻。"鲳鱼清淡典雅而香味扑鼻，但一定要趁热吃，否则鲜味就会跑掉，腥味就会出来了。

晚唐五代记载岭南地区物产风物的《岭表录异》中说："鲳鱼……肉白如凝脂，止有一脊骨。治以姜葱、粳米，其骨自软。"所以，鲳鱼煮粥甚佳。将鲳鱼洗净放入沙锅煮熟,去骨,切碎,再与淘洗干净的粳米放入沙锅,加入生姜、葱、猪油、精盐,酌加适量的水,先用武火煮沸,然后改用文火煮熬成粥。早晚温热服用鲳鱼粥能益胃健脾,对脾胃虚弱者尤为适宜。沿海人喜食海味,南方人喜食大米,东南沿海的人喜欢把两者结合起来。除了鲳鱼粥之外,浙江台州人还喜欢把鲳鱼跟年糕一起烧,烧好后海味渗透到原本淡而无味的年糕里,吃起来也别有风味。

清蒸鲳鱼

37. 海中刀客——鲅鱼

鲅　鱼

鲅鱼,也叫马鲛。因为"鲅"跟"霸"同音,所以它的名字听上去很霸气,事实也是如此,鲅鱼性情凶悍,牙齿锋利,捕食时好似猎豹,而且体型巨大,大连自然博物馆中有一条"鲅鱼王"标本重 130 多千克,长约 2. 64 米。在胶东半岛,鲅鱼曾是渔民一年中下海捕捞到的头一批收获物,故而有"第一鱼"的名声。因为肉多实惠,渔民享受了口福之后称它为"满口货"。鲅鱼营养丰富,除了能补气、平咳,还有提神和防衰老等食疗作用,很受人们欢迎,尤其是在大连、青岛、威海等北方沿海城市,有"山有鹧鸪獐,海里马鲛鲳"的赞誉。每年 5 月中旬到 6 月上旬,新鲜晶亮的大鲅鱼一上市,家家户户的餐桌顿时多了这道鱼肴,人们都以吃上鲜美的鲅鱼为快。

送鲅鱼给岳父母

在青岛,女婿给岳父母送春鲅鱼这个传统已有上百年的历史。在民间还流传着这样一个感人故事。一个名叫小伍的孩子,从小父母双亡,被一位慈善的老人收养,逐渐成长为老实忠厚的青年,老人就将自己的女儿许配给小伍。为报答老人的恩情,小伍天天种地捕鱼,勤奋劳作。一年春天,老人突然病倒,念叨着想吃鲜鱼,眼看老人病情越来越重,虽然海上狂风大浪,小伍还是冒着生命危险出海了。女儿守在老人身边呼唤:"娘啊娘,你坚持住,小伍一会儿就回来了。"老人听后点了点头:"好孩子,难为小伍了,罢了,罢了……"话没说完就咽了气。就在此时小伍拿了一条大鲜鱼跑了回来,可是已经晚了。夫妻二人悲痛欲绝,抱头大哭,只好把鲜鱼做熟后供在老人的灵前。从那以后,小伍夫妻每年都要在老人的坟前供上这种初春刚捕到的大鱼,并按老人死前口中念叨的"罢了,罢了"为这种鱼起名为"罢鱼",即现在的鲅鱼。春天送鲅鱼孝敬岳父母的做法就这样日久成俗,流传开来。

如今,不管是刚刚结婚的新女婿还是五六十岁的老女婿,凡是岳父母还健在,就会提着鲜亮的大鲅鱼给老丈人"进贡"。送鲅鱼礼不分大小多少,关键是尽孝心,这也与中华民族尊老重孝的传统相符。

38. 欧洲明星——鳕鱼

鳕　鱼

鳕鱼，又名鳘鱼，它长有一副可爱的卡通形象，背部有三个背鳍，大头大眼大嘴巴，嘴上还长了一根细细的胡须，让人一看便有忍俊不禁之感。 在中国北方称鳕鱼为"大头鱼"，朝鲜称其为"明太鱼"。鳕鱼肉质嫩滑紧实、脂肪量低、清口不腻，许多国家都把它作为主要食用鱼，因而鳕鱼成了全世界年捕捞量最大的鱼之一。

在欧洲，鳕鱼自古就是有名的食用鱼，因为它们繁殖能力很强，加上总是成群结队地游到浅海，所以很容易捕捉。

纽芬兰岛

挪威可以说是最喜爱吃鳕鱼的国家之一。鳕鱼的肝脏含油量极高，还包含大量维生素 A 和 D,故而极适合被用做提炼鱼肝油。1851 年,英国爆发了"大头娃娃"的流行病,正在束手无策的时候,有人发现食用鳕鱼等深海鱼的肝脏能缓解病情,于是挪威开始大规模生产鳕鱼鱼肝油,并逐步发展到全民食用。长期服用鳕鱼鱼肝油的习惯,给了挪威人睿智、高寿以及强健的体魄,所以鳕鱼被挪威人奉为"国宝"。后来,鳕鱼成了销量巨大的高利润商品,欧洲国家纷纷出动寻找鳕鱼渔场,这也诱使英国人走出温暖安全的大陆,驾驶着当时大洋里最好的捕鱼船前往寒冷的冰岛海域。英国的卡伯特和意大利的哥伦布是同时代的人,哥伦布找到了新大陆,而卡伯特找到了鳕鱼,他把那片挤满鳕鱼的海域命名为"纽芬兰"。鳕鱼吸引着越来越多的渔民和满怀发财梦的人,造就了新英格兰的繁荣,美国的波士顿也由此诞生。

在葡萄牙,每年都会举行"鳕鱼文化节",城市中也随处可见专做鳕鱼的餐馆。据说当地的鳕鱼至少有 365 种吃法,就算一天一个花样,葡萄牙人也能吃上一整年不重样。

酱汁鳕鱼

将各色蔬菜沙拉当做画框,把雪白的厚鱼片当做画板,然后再把调好的酱料当做油彩,你便可尽情发挥,做出一道充满创意的酱汁鳕鱼。你完全可以自制各色鳕鱼酱汁,把鱼皮剥下同水熬煮五六个小时,待鱼胶分离出来后,撇去油脂,加入圆葱、土豆、藏红花等继续熬煮,最后用搅拌器制浆就完成了。欣赏完这幅"艺术品"之后你就可以享用了,入口轻嚼,鱼肉和酱料立刻在口里化开,带来清新的味觉享受。

39. 名士风骨——鲈鱼

鲈　鱼

鲈鱼，又称鲈鲛，也称花鲈、寨花、鲈板、四肋鱼等，分布于太平洋西部、中国沿海，江河入海处的咸、淡混合水域最常见。《本草纲目》有对它的详细描述："黑色曰卢，此鱼自质黑章，故名。长仅数寸，状微似鳜而色白，有黑点，巨口细鳞，有四鳃。"鲈鱼鱼身呈青灰色，生长于淡水中的颜色浅白，两侧和背鳍上有黑色斑点，因每个鳃盖上有一条较深的折皱，看上去好像有四个鳃，所以有人把它叫做"四腮鲈鱼"。鲈鱼与太湖银鱼、黄河鲤鱼、长江鲥鱼一道，并称为中国"四大名鱼"，属出口品种。鲈鱼肉质洁白、清香，宋朝诗人刘宰曾大书其鲜美："肩耸乍尺协，腮红新出水。呈以姜杜椒，未熟香浮鼻。河豚愧有毒，江鲈渐寡味。"

《晋书·张翰传》中记载了一个故事，它与此后鲈鱼的出名有莫大的渊源：西晋八王之乱时，张翰在洛阳为官，见秋风起，突然思念起家乡吴中的菰菜羹、鲈鱼脍，遂弃官南归，曰："人生贵适志，何能羁宦数千里，以要名爵乎？"这种潇洒的浪漫主义举动，恐怕只有魏晋时期的风流名士才能做得出来。此后，"莼鲈之思"成了思念家乡的成语，张翰的典故也成了文人清客感叹的材料。李白在《行路难》中说："吴中张翰称达生，秋风忽忆江东行。且乐生前一杯酒，何须身后千载名。"无疑，张翰那种豁达态度是很受诗仙心仪的。辛弃疾的词中也曾多次以鲈鱼来形容自己报国不成不如归去的矛盾心理，最著名的有："把吴钩看了，栏杆拍遍，无人会，登临意。休说鲈鱼堪脍，尽西风，季鹰归未？"可以说，张翰给鲈鱼在鲜美之外又加上了一层精神色彩。经过历代文人数百年间的敷衍与发扬，鲈鱼更是声名大噪。

虽说鲈鱼在中国沿海均有出产，但最为有名的还属吴中松江府的四腮鲈鱼，历史上有很多关于其美名的记载。例如，《三国演义》曾写道，曹操大宴宾客，山珍海味，琳琅满目，但还是遗憾缺少了松江鲈鱼这道名菜。一个叫左慈的人站出来"变"出了一条松江鲈鱼，引得满座宾客惊叹不已，众心欢喜。隋炀帝被松江鲈鱼的精美可口打动，盛赞其为"东南佳味也"。乾隆皇帝下江南，当然也不会错过这道美味，吃过之后毫不吝惜地御赐"江南第一名菜"的称号。到了现代，松江鲈鱼的风采地位仍不减当年，1972 年美国总统尼克松访华时来到上海，在周恩来总理亲批的菜单里，松江四鳃鲈鱼毫无疑问地名列其中。

40. 黑暗世界里的发光鱼——宽咽鱼

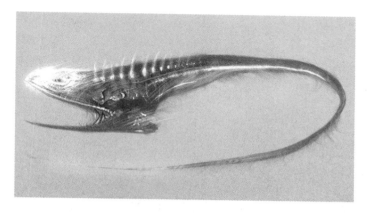

宽咽鱼

宽咽鱼是一种典型的深海鱼,是大洋深处相貌最奇怪的生物之一。它们最显著的特征就是嘴大——没有可以活动的上颌,而巨大的下颌松松垮垮地连在头部,从来不合嘴;它们张大嘴后,可以很轻松地吞下比它们还要大的动物。宽咽鱼没有肋骨,因此它们的胃可以扩张以容纳体积巨大的食物。它们在西方得到"伞嘴吞噬者"的名称,而在中文中被叫做"宽咽鱼"。

海洋的 1 000 米以下是一片黑暗,水温终年维持在 0 ℃左右。1 000～4 000 米的深处,人们称之为半深海层。严酷的自然环境,使半深海层的动物数量大为减少。这里的鱼类约 150 种,而宽咽鱼就是其中的一种。深海中根本没有藻类植物,草食性鱼类也已销声匿迹,剩下的只是肉食性鱼类。在这食物匮乏的环境中,幸存下来的半深海鱼的模样就变得古怪了。例如,宽咽鱼的口特别大,整个身体倒像个陪衬,它们一张嘴简直像个巨大的陷阱,不管被充饥之物是大是小,一概"照单全收"。

由于生活在深海,宽咽鱼视力亦不发达。幼年的宽咽鱼生活在海水中 100～200 米深的光合作用带,成年后则游向海底。

41. 爱晒太阳的大笨鱼——翻车鱼

翻车鱼

大概是因为翻车鱼喜欢晒太阳,所以它的英文名字为"sunfish"。翻车鱼是世界上最大、形状最奇特的鱼之一。它们体长为1～5米,体重为100～3 000千克。翻车鱼的身体又圆又扁,像艘大船。令人啼笑皆非的是,这艘"船"有"舵"无"桨",没有腹鳍和尾鳍,只有一对高耸的背鳍。它的尾部还拖着一条细小的像天线似的尾巴,游动时只能在海里随波逐流,翻来滚去,看上去非常滑稽可笑。

翻车鱼

　　翻车鱼既笨拙又不善游泳,常常被海洋中其他鱼、海兽吃掉。而它们不至于灭绝的原因是具有强大的生殖力,一条雌鱼一次可产 3 亿个卵,在海洋中堪称产卵量最大的鱼。当翻车鱼受到海狮的袭击时,它们中的强壮者就迅速地摆动身体,将腹部对着海狮,而头部侧到一边。翻车鱼拥有令人难以置信的厚皮,只要不是被海狮咬中头部,翻车鱼就有可能逃过一劫。当海狮咬不透翻车鱼的厚皮时,就会气恼地将翻车鱼高高地抛向空中,这些翻车鱼就会像飞碟一样在海面上惊险地"飞"来"飞"去……

　　翻车鱼行动迟缓笨拙,主要猎食一些水母。它们常常浮到水面晒太阳来提高体温。根据研究分析——翻车鱼之所以喜欢平躺在海面上"晒太阳",可能有三种原因:一是利用太阳的热度,杀死寄生虫;二是增加肠胃蠕动;三是平躺在海面上,能够吸引海鸟过来,啄食它身上的寄生虫。

42. 名不副实——凤尾鱼

凤尾鱼

一说到"凤尾鱼"这个名字,让人自然联想到凤凰,难道凤尾鱼真的像凤凰那样令人惊艳吗?事实上,凤尾鱼的长相很平凡。它体型娇小,一点都不圆润,身材扁扁的,倒是尾部尖细窄长,有点像凤凰的尾巴。

每当春夏之交的时候,凤尾鱼便会告别咸咸的渤海海水,呼朋引伴地游到海河河口附近,吮吸着甜甜的淡水,它们来干什么?它们是来产卵育儿。凤尾鱼平时分散生活在沿岸,生殖时每年5月游向河口,产卵后分散沿岸索饵,在渤海越冬。凤尾鱼可谓"英雄母亲"。据说,一尾雌性凤尾鱼的怀卵量为5 000～18 000粒,怀卵量随体长的增长而增加,产卵期为6～9月。即将产卵的凤尾鱼很容易就能被辨认出来,因为它们的尾鳍会稍稍变黄。

清代王世雄《随息居饮食谱》有言,凤尾鱼"味美而腴"。凤尾鱼肉质细腻,口感鲜美,一直是宴席上不可缺少的美味佳肴。其食用方法多样,既可以红烧、油煎、清蒸,也可以制成罐头食用。不管如何烹饪,相信凤尾鱼的味道都不会让你失望。晒干后的凤尾鱼鱼卵,俗称凤尾子,味道鲜美爽口,但不能贪食,因为凤尾子的油质相对比较多,吃多了会闹肚子。千万不要以为凤尾鱼只是一道珍馐,它还是医药界的宠儿呢。凤尾鱼性温、味甘,具有补中益气、泻火解毒、活血化瘀等功效,可用于治疗消化不良、病后体弱及疖疮、痔瘘等病症。现在科学研究表明,凤尾鱼含有蛋白质、脂肪、碳水化合物、钙、磷、铁、锌、硒等营养物质。小孩子经常食用,有利于智力发育。另外,近年来,医学家还发现,凤尾鱼能够增加人体血液中的抗感染淋巴细胞的数量,也有益于提高癌症病人对化疗的耐受力。

温州历代相传有"雁荡美酒茶山梅、江心寺后凤尾鱼"之说。每年三月,生活在浅海的凤尾鱼就溯江而上,群集到江心孤屿四周的江面上。近郊渔民们便驾着船,撒网捕鱼,最多时是在江心寺后面的江中。此鱼腹内多子,肉质细嫩,可煮吃,但民间多用油煎,吃起来又香又脆,鲜美可口。相传南宋状元王十朋,曾在江心孤屿读书，因他勤奋好学,感动了东海龙王,特地送这种叫"子鲚"的鱼(即凤尾鱼)给他吃。

凤尾鱼

43. 海中小军舰——军曹鱼

军曹鱼

要问南海鱼世界里谁长得像艘小军舰,那名单里一定有军曹鱼的名字。

军曹鱼长得身材细长,体表上的间色纵带十分抢眼,胸鳍是淡褐色,腹鳍和尾鳍上边缘则是灰白色。少数军曹鱼不仅身体颜色与众不同,还有排列整齐的发光点,特别像军官服上缀着的金属纽扣。这些发光点耀眼夺目,数量惊人,有300 多个呢。这些发光器官的表面覆盖着一层不透光的膜。发光器官的前端有一透镜装置,聚光作用由此而产生,发光器内部的一种黏液具有在黑暗中发光的特性。但它平时几乎不用自身发的光来照明,只有到了交配季节,军曹鱼才会施展"军曹"威风,大放光辉。军曹鱼体长可达到 1 米以上,通常几千克重,大的可以达到十几千克甚至数十千克。军曹鱼为暖水性鱼类。在我国除南海海域出产外,在东海海域也有分布,但近十年来在东海基本上捕获不到,而在南海则被大规模养殖,是珍贵的食用经济鱼类。为什么在南海呢?因为军曹鱼在那里能找到最适宜它生长的海水温度(25 ℃～32 ℃)。如果水温升至 36 ℃,军曹鱼虽有摄食行为,却开始死亡,10 ℃以下摄食减少或不摄食,3 ℃以下就可能受到冻害。

军曹鱼是肉食鱼,它以虾、蟹和小型鱼类为食物,吃得多,吃得快,消化力强,养殖半年就能达到 3～4 千克,1 年可达 6～8 千克,2 年可达 10 千克以上。和金枪鱼一样,军曹鱼肉质鲜嫩,也是制作生鱼片、烤鱼片的上好材料,不仅如此,它肌肉中的氨基酸和多不饱和脂肪酸也较丰富,微量元素组成全面,具有较高的营养价值和药用价值。

44. 形似竹荚的鱼——竹荚鱼

竹荚鱼

刺鲅鱼、马鲭鱼和黄鳟说的可是一种鱼——竹荚鱼,它纺锤形的身体两侧全是高而强的棱鳞,整个形状就像是用竹板编起来的组合隆起荚,名字也就这样得来。竹荚鱼有较高的经济价值。加工后的产品形式主要为冷冻原条鱼、鱼段、罐头、鱼粉、鱼油等,饲料中重要的蛋白质组分红鱼粉主要就是用竹荚鱼加工而成的。竹荚鱼营养丰富,富含不饱和脂肪酸,拥有 DHA、EPA 等,常吃可以起到预防高血压、脑中风等作用。

竹荚鱼在全世界范围内分布很广,是世界主捕鱼种之一。它属于海洋中的中上层洄游性鱼种,游泳速度很快,还喜欢成群结伴聚集在一起,并且有趋光的特性。

不同的国家有不同的竹荚鱼吃法。在中国,传统的方法是腌制成咸鱼后,油煎、清蒸。油炸、烧溜、烟熏也较普遍,有时还用冷冻竹荚鱼加工成罐头。在市面上,主要通过加工成鱼松、鱼丸的形式销售。在日本,他们则会把竹荚鱼加工成生鱼片食用,或者是用烘炉烤熟,分切成块来吃。如果你去西非尼日利亚旅行,就会看到人们就着可可酒,吃烧烤竹荚鱼,别有一番风味。

45. 欧洲比目鱼——大菱鲆

大菱鲆

古罗马时期,有一种鱼常被养在宫廷水池中,一到节庆之日,便将它奉为宴席珍品,皇宫贵族称它为"海中雏鸡",这种来自欧洲的名贵鱼种就是由黄海水产研究所引入我国的大菱鲆。大菱鲆主产于大西洋东部沿岸,自然分布区为北起冰岛、南至摩洛哥附近的欧洲沿海,俗称欧洲比目鱼,是东北大西洋沿岸的特有名贵鱼种之一。但是随着雷霁霖院士从英国引进大菱鲆,这种在中国被称为"多宝鱼"或"蝴蝶鱼"的海水鱼类在我国北方特别是黄海沿岸的山东省掀起了一场轰轰烈烈的养殖浪潮。

大菱鲆的身体扁平,整体来看近似菱形,两只眼睛都长在身体的左边,青褐色的背面隐约可见点状黑色和棕色花纹以及少量皮刺,腹面则光滑白净。大菱鲆是深海底层鱼类,体色还会随环境而变化。大菱鲆幼鱼多以小型甲壳类和多毛类为食,成鱼摄食小鱼、小虾和较大的贝类等。从英国引进的大菱鲆性格也很"绅士",很温顺,相互争斗和残食的现象非常少见。

大菱鲆性格温驯、体型优美、肉质丰厚白嫩、骨刺极少、内脏团小、出肉率高,其鳍边含有丰富的胶质、口感滑爽滋润,有近似甲鱼的裙边和海参的风味,营养价值很高,是理想的保健和美容食品。大菱鲆除了可供食用外,还可以作观赏鱼。

温水性泥沙质、沙砾或混合底质,是大菱鲆理想的栖息地。大菱鲆对水温的要求还是比较严格的,所以引进养殖的海域只能是北方海域,其中以山东省和辽宁省的养殖面积最大。大菱鲆对不良环境的忍受能力较强,喜欢集群生活,它们常常多层挤压在一起生活,除了头部,重叠面积超过 60%。不用担心,它们习惯于这种生活方式,不会营养不良,也不会生活不便。

大菱鲆养殖

第三部分　海洋贝类

　　美丽古老的鹦鹉螺、营养珍贵的鲍鱼，变色迅速的章鱼、喷吐墨汁的乌贼……海洋贝类身体柔软，不具备攻击力，可以说是海洋中的弱势群体，经常被海獭等哺乳动物当做美味的点心，但它们自卫却各有高招。

　　海洋贝类全部生活在水中，主要在海底爬行或固着生活，以海藻或浮游生物为食；一般运动缓慢，有的潜居泥沙中，也有的凿石或凿木在里面居住，极少数为寄生生活。

海洋贝类外壳的颜色多种多样，如深紫色、红色、白色等；外壳的外表面粗糙，具有多条放射状的嵴，还有同心环状的生长线。一块或者两块强大的闭壳肌可以将双壳紧闭，以抵御敌人的进攻；用鳃呼吸，通常有导管将海水引入体内进行呼吸和滤食。

海洋贝类大部分可以食用，比如，扇贝的闭壳肌晒干后即为干贝，是餐桌上的美味。还有的贝类能够孕育珍珠，如珍珠贝。很多贝类的壳可以入药，还能够作为工业原料。它们全身都是宝，在海洋捕捞和水产养殖中扮演着非常重要的角色。

46. 亘古之美——鹦鹉螺

鹦鹉螺

鹦鹉螺,一个特别的名字,一种神奇的生物,早在 4.5 亿年前就广泛生活于地球。自诞生以来,虽然经过数亿年的演变,但外形和习性变化很小。鹦鹉螺现存数量不多,有"活化石"之称,是国家一级保护动物。

鹦鹉螺的外表非常美丽,壳左右对称,呈螺旋形盘卷,外表光滑呈白色或乳白色,从壳的脐部辐射出红褐色的火焰状斑纹,看起来很像鹦鹉的头部;壳的内腔由隔层分为 30 多个壳室,最外边的一间用于存放鹦鹉螺的身体;随着身体的不断成长,房室也周期性地向外侧扩展,在外套膜后方分泌碳酸钙与有机物质,建构起一个崭新的隔板;在隔板中间,贯穿并连通一个细管,以输送气体进到各房室之中。房室内充入气体则鹦鹉螺的密度下降,向水面浮起,当小房室内充入海水时,则密度升高,鹦鹉螺便会像石头一样沉到海底。鹦鹉螺有 90 只腕手,叶状或丝状,用于捕食及爬行;在所有触手的下方,有一个类似鼓风夹子的漏斗状结构,通过肌肉收缩向外排水,以推动鹦鹉螺的身体向后移动。

鹦鹉螺的壳十分美丽,因此,贩卖鹦鹉螺壳工艺品的现象在中国沿海一些城市都出现过。国家已经采取许多措施,但非法经营鹦鹉螺的行为却屡禁不止。神奇的鹦鹉螺,它们那来自远古的美丽,一定要持续下去!

1996 年,美国的两位地理学家提出,月亮在离我们远去,它将越来越暗。带给他们这种启示的便是鹦鹉螺。

　　他们发现，现存的鹦鹉螺壳上的波状螺纹具有和树木一样的性能。螺纹分许多隔，每隔上的细小波状生长线为 30 条左右，与现在一个朔望月的天数完全相同，而古鹦鹉螺的每隔生长线数随着化石年代的上溯而逐渐减少，而相同地质年代的却是固定不变的。研究显示，新生代渐新世鹦鹉螺的螺壳上，生长线是 26 条；中生代白垩纪是 22 条；中生代侏罗纪是 18 条；古生代石炭纪是 15 条；古生代奥陶纪是 9 条。由此推断，在距今 4.2 亿多年前的古生代奥陶纪时，月亮绕地球一周只有 9 天。地理学家又根据万有引力定律等物理原理，计算了那时月亮和地球之间的距离，得到的结果是，4 亿多年前月亮与地球的距离仅为现在的 43%。科学家对近 3 000 年来有记录的月食现象进行了计算分析，结果与上述推理完全吻合，证明月亮正在离地球远去。鹦鹉螺对揭示大自然演变的奥秘真是功不可没。

47. 海中玛瑙——东风螺

东风螺

东风螺,肉质鲜美,脆嫩爽口,含有大量对人体有益的蛋白质,营养价值及口碑与鲍鱼齐名。

东风螺

它另外的几个名字也非常好听——花螺、褐云玛瑙螺,这是因为它螺旋形的壳上长满了白色或者黄色且带有红棕色不规则条纹或焦褐色霞样的花纹。花纹在螺壳上盘旋,螺层又高又宽,说明东风螺生长得好。它的壳可以保护它,一有危险它就逃进螺壳中。我国广东、福建、广西、海南和台湾等地能为它提供喜欢的生活环境——温度、盐度适宜的软泥和泥沙质海底。

它形似田螺,吃法在广州与吃田螺差不多,爆炒东风螺是南方名菜。

东风螺的活动具有日伏夜出的习性,白天潜伏在沙泥中并露出水管,夜间四处觅食。活动为匍匐爬行,能借助腹足分泌的黏液滑行活动。室内培养的稚螺常爬出水面附在池壁上。东风螺具有明显的迁移习性。东风螺被认为是21世纪最有开发前景的海产养殖良种之一,已在东南沿海为养殖者接受并逐步形成生产规模。南海水产研究所2000~2002年在广东沿海开展了东风螺人工育苗养殖科研试验。

48.色黑如铁——泥螺

泥 螺

泥螺自古受到青睐,古名吐铁,姚可成《食物本草》上说:"吐铁,生海中,螺属也。大如指顶者则有脂如凝膏,色青,外壳亦软,其肉色黑如铁,吐露壳外,人以腌藏糟浸,货之四方,以充海错。"

我国沿海都分布有泥螺,以山东青岛至浙江舟山一带海滩产量最大,每年的6～9月是它的繁殖季节。泥螺大多数生活在中低潮带泥沙质的滩涂上,风浪不大、潮流缓慢的海区最适宜其生长。涨潮时,泥螺随潮活动;退潮后,泥螺便留在浅滩上。如果你想赶海捡泥螺,最好在退潮后拿上一个手电筒,晚上到沙滩上去捡。虽说泥螺对温度和盐度的适应力强,但泥螺品质与所栖息海涂底质的泥沙含量、底栖硅藻的丰富程度密切相关。泥螺是杂食性的,除了吃硅藻,还吃有机腐殖质、海藻碎片、无脊椎动物的卵和小型甲壳类等等。

泥螺外壳又薄又脆,身体肥大。它的外壳不能包被全部身体,腹足两边的边缘露在壳的外面,并且反折过来遮盖了壳的一部分。泥螺爬起来像蜗牛一样,非常缓慢。为了在海洋中保护自己,它还有自己的一套障眼法——用头盘掘起泥沙与身体分泌的黏液混合,并将其包在身体表面。远远看去,一点也看不出有泥螺,倒像是一堆凸起的泥沙。

泥螺长得大,肉也多,味道鲜美,农历三月时所产的"桃花泥螺"和中秋时节所产的"桂花泥螺"更是泥螺中的上品。泥螺不仅含有丰富的蛋白质、钙、磷、铁及多种维生素,还具有一定的药用价值。《本草纲目拾遗》记载,泥螺具有补肝肾、润肺、明目、生津的功能。民间偏方中常用它来防治咽喉炎、肺结核等疾病。

49. 犹记红螺一两杯——脉红螺

脉红螺

"酒痕衣上杂莓苔，犹忆红螺一两杯"，"每向东华散玉珂，相于花下酌红螺"，"倾绿蚁，泛红螺，闲邀女伴簇笙歌"。自古以来，外形优雅的红螺，就常常出现诗词之中，成为人们传递情感的一种寄托。属于黄海和渤海海域特有的一种红螺叫脉红螺。脉红螺贝壳坚厚而透光，呈螺塔状。

想要倾听渤海的歌声吗？那你需要浪漫一回了。捡一只大大的脉红螺壳，然后把它放在自己的耳边，你就可以听到一阵阵动听的声音了。在渤海，要想觅得脉红螺，最好在阴天去潮下带的岩礁石缝间下一番工夫。脉红螺的分布比较广泛，在渤海湾、莱州湾和大连沿海均有分布。

脉红螺没有洁癖，能适应恶劣的水质，对自己的居住环境没有严格的要求。每年5～8月，渤海海域的脉红螺就会进行交尾产卵工作，这时的雌性红螺便会散发出"母性"的光辉，渐渐地将自己"打扮"成菊花花瓣的样子。这是怎么一回事？原来，雌性脉红螺可以产很多卵袋，而每一个卵袋中又包含着成百上千个卵子。当这些卵袋附着在岩石上时，你就会发现它们的样子极像菊花，所以渔民亲切地称它们为"海菊花"。

红螺在捕食贝类时，常常会从其体内分泌出一种酸性液体，并用这种液体将贝壳腐蚀出一个小孔。当这些准备前奏做好之后，它们便会将其又尖又细的舌头伸进贝壳体内，将贝类的肉体吸吮干净。

脉红螺的肉，尤其是其足部的肌肉非常美味，可以跟鲍鱼相媲美，所以人们常常称赞其肉质为"盘中明珠"。送给脉红螺这个称号一点都不为过,因为脉红螺肉不仅味道鲜嫩,而且富含维生素、蛋白质、氨基酸、铁和钙等营养物质。在医学界,人们常常用螺肉医治目赤、黄疸、脚气、痔疮等疾病。脉红螺肉好吃,但不能全吃。在食用时要将其头部肌肉中的消化腺摘除,全部食用容易出现头晕、局部麻痹甚至昏迷的状况。

50. 海味冠军——鲍鱼

鲍 鱼

鲍鱼不是鱼,而是海产贝类,原名"鳆鱼",其外壳称石决明,是一味中药材。因其外壳扁而宽,形状有些像人的耳朵,所以也叫它"海耳"。现代人重视鲍鱼,很大程度上是因为其具有很高的营养价值。传统中医认为,鲍鱼味咸性平,能养阴、平肝、固肾,尤以明目的功效大,故有"明目鱼"之称。

鲍鱼主要由背部坚硬的外壳和壳内柔软的内脏及肉足组成;壳的外表面粗糙,有黑褐色斑块,内面呈现青、绿、红、蓝等颜色,有珍珠般的光泽;外壳的边缘有孔,海水从这里流进和排出,给鲍鱼带来食物,排出废物,生殖季节生殖细胞也是通过流出的海水排到体外,在海水中受精;软体部分有一个宽大扁平的肉足。鲍鱼肉足的吸着力相当惊人,一个壳长 15 厘米的鲍鱼,其足的吸着力高达200 千克,任凭狂风巨浪袭击,都不能把它掀起。捕捉鲍鱼时,只能乘其不备,以迅雷不及掩耳之势用铲铲下或将其掀翻;否则,即使砸碎它的壳也休想把它从附着物上取下来。

鲍鱼乃美味之王,自古以来,鲍鱼就在中国菜肴中占有唯我独尊的地位。《后汉书·伏湛传》中记载:"张步遣使随隆,诣阙上书,献鳆鱼。"由此可见,鲍鱼在汉代就被列为贡品了。西汉末年新朝的建立者王莽,就很喜欢吃鲍鱼,《汉书·王莽传》载:"王莽事将败,悉不下饭,唯饮酒,啖鲍鱼肝。"三国时代的枭雄曹操,也喜食鲍鱼。及至南宋,伟大的诗人苏东坡更在嗜吃鲍鱼之余,专门写下《鳆鱼行》盛赞鲍鱼。据说清朝时沿海各地大官朝见时,大都进贡鲍鱼:一品官员进贡一头鲍,七品官员进贡七头鲍,以此类推。前者的价格可能是后者的十几倍。

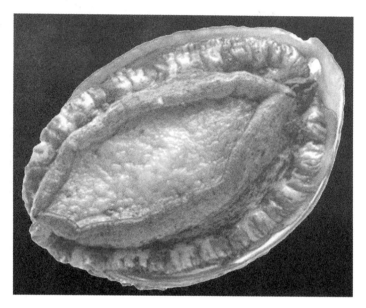

鲍　鱼

如今,鲍鱼经常出现在人民大会堂的国宴及大型宴会中,成为中国经典国宴菜品之一。欧美国家的人们原来并没有吃鲍鱼的习惯,今日世界如此盛行吃鲍鱼,很大程度上缘于中国的饮食文化,是华人移民带动了全世界的"鲍鱼热"。在中国,人们的"吃"早已超越了美食层面而蕴含着更深层的文化意味。以鲍鱼为例,其谐音也是其受青睐的原因之一。"鲍者包也,鱼者余也",鲍鱼代表"包余",以示包内有用之不尽的余钱。尤其在中国港澳台地区和东南亚一些国家,鲍鱼不但是馈赠亲朋好友的上等吉利礼品,而且也是宴请及逢年过节餐桌上的必备吉利菜之一。这也充分说明,重视食品的吉祥含义正是中华传统饮食文化的题中之意。

中医认为鲍鱼是一种补而不燥的海产品,吃后没有牙痛、流鼻血等副作用,多吃也无妨。鲍鱼的肉中还含有一种被称为"鲍素"的成分,能够破坏癌细胞必需的代谢物质。鲍鱼有平肝潜阳、解热明目、止渴通淋之功效,主治肝热上逆、头晕目眩、骨蒸劳热、青肓内障、高血压眼底出血等症。鲍壳是著名的中药材——石决明,古书上又叫它"千里光",有明目的功效,并因此而得名。

《史记》载秦始皇在巡视东海的途中去世,为防内乱,丞相李斯秘不发丧,利用一石鲍鱼以乱其臭。《孔子家语·六本》中也有"如入鲍之肆,久而不闻其臭"的说法。"鲍鱼之肆"指卖咸鱼的地方,并用来比喻臭秽、恶劣的环境。这里的"鲍鱼"虽与如今的鲍鱼音形相同,意义却大相径庭。古时指的是咸鱼或者腌鱼,而非现今人们口中的鲜香美味。

鲍 鱼

品尝鲍鱼的方法一般是用刀顺着鲍鱼纤维一切为二,再在其中一边一切为二,蘸少许鲍鱼汁,放进口中轻嚼,让牙齿多接触鲍鱼,使鲍鱼柔软的质感及浓香味发挥到淋漓尽致。若将半碗白米饭,连同营养丰富的美味鲍鱼汁一起拌食,则会有滋味无穷的感觉。此外,鲍鱼忌与鸡肉、野猪肉、牛肝同食。

51. 高智商的伪装高手——章鱼

章 鱼

　　章鱼身体一般很小,8条腕足又细又长,故又有"八爪鱼"之称。它的8条腕足上均有两排肉质吸盘,能有力地握持他物。章鱼可以随时快速地变换自己皮肤的颜色,使之和周围的环境协调一致;即使受伤,它们仍然有变色能力。

章 鱼

　　科学家惊奇地发现,海洋生物中章鱼竟能以步行的方式在海中移动。多年从事章鱼研究的专家吉姆·科斯格罗夫指出,章鱼具有"概念思维",能够独自解决复杂的问题。他在法国《费加罗杂志》上撰文称,章鱼是地球上曾经出现的与人类差异最大的生物之一。章鱼有很发达的眼睛,这是它们与人类唯一的相似之处。它们在其他方面与人很不相同:章鱼有 3 个心脏,2 个记忆系统(一个是大脑记忆系统,另一个记忆系统则直接与吸盘相连);章鱼大脑中有 5 亿个神经元,身上还有一些非常敏感的感受器。这种独特的神经构造使其具有超过一般动物的思维能力。

　　在 2008 欧洲杯和 2010 世界杯两届大赛中,章鱼保罗预测比赛结果 14 次,猜对 13 次,成功率高达 92％,堪称不折不扣的"章鱼帝"。2010 年 8 月 23 日章鱼保罗再续世界杯之缘,成为英格兰 2018 年世界杯申办大使,英国虽未申办成功,"章鱼帝"却风头十足。2010 年当地时间 10 月 25 日晚间(北京时间 10 月 26 日上午),章鱼保罗在德国的奥博豪森水族馆去世,享年 2 岁半。

52. 会喷墨的怪物——乌贼

乌　贼

　　乌贼，又称墨鱼、墨斗鱼或花枝，它们是头足类软体动物中最为杰出的放烟雾专家。乌贼体表有一层厚的石灰质内壳(俗称乌贼骨、墨鱼骨或海螵蛸)。全球约有 100 种乌贼，体长 2.5～90 厘米。乌贼共有 10 条腕，其中 8 条短腕，2条长触腕，长触腕可用于捕食，并能缩回到两个囊内；腕及触腕顶端有吸盘。墨囊里的墨汁可为工业原料，墨囊则是一种药材。

　　乌贼的游动方式很有特色，素有"海中火箭"之称。它们在逃跑或追捕食物时，最快速度可达 15 米/秒，连奥林匹克运动会上的百米短跑冠军也望尘莫及。它们靠什么动力获得如此惊人的速度呢？原来，在乌贼的尾部长着一个环形孔，乌贼便是靠肚皮上的这些孔喷水的反作用力飞速前进的。

　　乌贼不仅像鱼一样能在海洋中快速游动，还有一套施放烟雾的绝技。乌贼体内有一个墨囊，囊内储藏着分泌的墨汁。平时，它们遨游在大海里专门吃小鱼、小虾，但是一旦有凶猛的敌人向它扑来时，它们就紧收墨

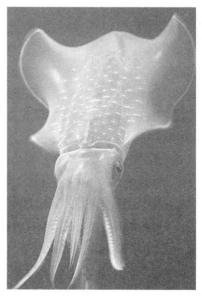

乌　贼

囊，射出墨汁，使海水变得一片漆黑，并趁机逃之夭夭。另外，它们喷出的这种墨汁还含有毒素，可以用来麻痹敌人。但是，乌贼墨囊里积贮一囊墨汁需要相当长的时间，所以乌贼不到十分危急之时是不会轻易施放烟雾的。

由于生活在太平洋幽深的海底，人们对生活在海里的神秘的"大王乌贼"了解得并不多。在水手们之间流行的一个传说让这种神秘的动物更增添了恐怖气氛——它们巨大的触须能够从海床直接伸到海平面，它们强有力的吸盘可以撕裂船身！据悉，在太平洋的深海水域最大的"大王乌贼"，体长可达 20 米左右，重 2～3 吨，是世界上最大的无脊椎动物。它性情极为凶猛，以鱼类和无脊椎动物为食，并能与抹香鲸搏斗。

53.弹脆柔鱼——鱿鱼

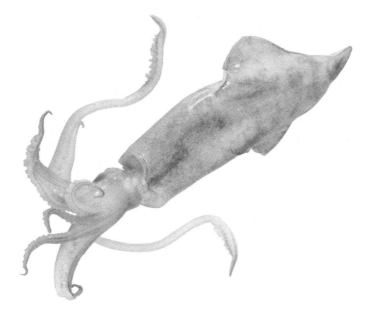

鱿　鱼

鱿鱼,虽然习惯上称它为"鱼",但它并不属于鱼类,而是生活在海洋中的软体动物。鱿鱼在我国宋代才见记述:"一种柔鱼,与乌贼相似,但无骨耳。"它们的身体呈圆锥形,头大,颜色苍白而有淡褐色斑点。目前市场看到的鱿鱼有两种:一种躯干较肥大,叫"枪乌贼";一种细长,叫"柔鱼"。鱿鱼的脂肪含量极低,仅为一般肉类的 4% 左右,因此热量也远远低于肉类食品,对怕胖的人来说,吃鱿鱼是一种不错的选择。

鱿鱼喜群聚,夜晚喜光,尤其在春夏季交配产卵期,通常由两三只体型较大的雄鱿鱼带头"聚众集会"。故沿海渔民捕捉时,只需用汽灯光引诱它们浮上水面,再用网迅速从后堵住其逃走方向,就能轻易将其捕捉。

生活在深海的巨型鱿鱼是世界上最大的无脊椎动物,但巨大的身躯并不能让它们在海里所向无敌;相反,它们却是抹香鲸最喜爱的食物。人们很少见到活的巨型鱿鱼,所见到的都是来自渔民的拖网中的死鱿鱼。它们神出鬼没,充满神秘色彩;它们有进化完善的大眼睛,视力相当好;它们是不挑剔的食肉动物,几乎什么都往肚里塞。传说中,它们是海中巨怪的化身,大而凶猛,能轻易地用"胳膊"打坏船只,还会把人的身体撕成两半,然后吃到肚里。1854 年,一位丹麦教授,把有关海怪的各种传说和古代图片综合在一起后断定,这些海怪就是巨大的鱿鱼,并为它起了个学名"大王鱿鱼"。大王鱿鱼也成了恐怖故事的素材,凡尔纳在他著名的《海底两万里》中,就让"鹦鹉螺"号和巨型鱿鱼展开了一场恶战。

鱿鱼之王

鱿鱼作为一种美食历来深受人们的喜爱,也有多种吃法,什么炝爆鱿鱼卷、铁板烧鱿鱼、翡翠鱿鱼、麻辣鱿鱼等,花样百出,甚至在街头的烧烤摊上,烤鱿鱼是最受欢迎的烧烤品种之一。吃碗海鲜面并不像吃碗鸡蛋挂面那样是一件平常的事,鱿鱼的滋味在面条顺着喉咙往下滑时逐渐扩散,吃起来不仅有美食的刺激,还有平凡生活的实实在在的幸福味。

鱿鱼面

面条滑溜,汤汁浓稠,铺上鱿鱼和香菌,撒上小葱花,咀嚼鱿鱼时"咔嚓咔嚓"且富有弹性,可成为你每个周末懒床之后起来最想吃的东西。

现在,我们常常听到用"炒鱿鱼"这个词来形容员工被老板辞退。"鱿鱼"与"开除",这两者之间似乎没有必然的联系,那么又是怎么被联系到一起的呢？从前离乡背井的打工仔，被褥都是自带的，若是被老板开除，只好卷起铺盖，另谋出路。但是被解雇的人对于"开除"和"解雇"这类词十分敏感，觉得它太刺耳，于是有些人便用"卷铺盖"来代替。恰好广州有一道男女老幼都喜欢吃的菜"炒鱿鱼"。在烹炒鱿鱼时，鱿鱼会慢慢自动卷成圆筒状，正好像铺盖卷起来的模样。于是，人们从中受到启发，用"炒鱿鱼"表示卷铺盖，代替了"开除"、"解雇"等词。

"炒鱿鱼"

54. 海中牛奶——牡蛎

法国作家莫泊桑的《我的叔叔于勒》为中国读者所熟知，许多人也是从其中知道了吃牡蛎是件"文雅的事"。在这篇文章沉重的现实感中，吃牡蛎是关键的转折之处，也是少有的令人身心愉悦之处，以至于在日后谈到牡蛎的时候，最先浮上脑海的依然是这篇文章。

牡 蛎

牡蛎俗称蚝、生蚝，闽南语中称为蚵仔，别名蛎黄、海蛎子等，身体呈卵圆形，是生活在浅海泥沙中的双壳类软体动物。法国是世界上最著名的牡蛎生产国，中国所产的主要有近江牡蛎、长牡蛎和大连湾牡蛎三种。鲜牡蛎肉呈青白色，质地肥美细嫩，既是美味海珍，又能健肤美容、强身健体。牡蛎是含锌最多的天然食品之一，每天只要吃两三个牡蛎就能满足一个人全天所需的锌。不但如此，牡蛎的钙含量接近牛奶，铁含量是牛奶的 21 倍，被称为"海中牛奶"丝毫不为过。

西方称牡蛎为"神赐魔食"，对它的喜爱可以说达到了痴迷的地步。在《圣经》中，牡蛎是"海之神力"；在希腊传说中，牡蛎是代表爱的食物。许多名人也对牡蛎情有独钟，拿破仑一世在征战中喜爱食用牡蛎，据说这样能保持旺盛的战斗力；美国前总统艾森豪威尔生病后，每天要吃一盘牡蛎以加快康复；大文豪巴尔扎克一天能吃 144 个牡蛎……

中国同样有对牡蛎情有独钟的名人。唐代李白有"天上地下，牡蛎独尊"的题句；北宋年间，苏东坡被贬谪到海南，途经雷州半岛时曾尝过鲜蚝的美味，从此念念不忘，还写信给其弟苏辙说"无令朝中士大夫知，恐争谋南徙，以分其味"，这种孩子气似的独占心理，已足以说明牡蛎这种美食的魅力；南宋陆游有诗"同寮飞酒海，小吏擘蚝山"，大有东坡"日啖荔枝三百颗"之豪气；明朝李时珍所著的《本草纲目》中说，"四月南风起，江珧一上，可得数百，如蚌稍大，肉柱长寸许，白如珂雪，以鸡汁瀹食肥美，过火则味尽也"，说明那时候人们不但发现了牡蛎的"肥美"，连其烹饪之道"过火则味尽"也早已通过实践总结出来了；到了现代，著名的文人美食家郁达夫说："福州海味，在春二三月间，最流行而最肥美的要算来自长乐的蚌肉,与海滨一带的蛎房。"由此可见,牡蛎之美早已为古今中外的名人雅士慧眼识出,而他们的赞美更加赋予牡蛎以尊贵色彩,使其香名远播。

蒸牡蛎

55. 美丽的公主贝——扇贝

扇 贝

扇贝和贻贝、珍珠贝一样,也是蛤类的一种,用足丝附着在浅海岩石或沙质海底生活,一般一壳在上、另一壳在下平铺于海底。扇贝平时不大活动,但当感到环境不适宜时,能够主动地把足丝脱落,做较小范围的游动。扇贝尤其是幼小的扇贝,用贝壳迅速开合排水,游动很快,这在双壳类中是比较特殊的。扇贝为滤食性动物,对食物的大小有选择能力,但对种类无选择能力;大小合适的食物随纤毛的摆动送入口中,不合适的颗粒由腹沟排出体外;主要食物为有机碎屑、悬浮在海水中的微型颗粒和浮游生物,如

扇 贝

硅藻、双鞭毛藻、桡足类;还有藻类的孢子、细菌等。

扇贝的壳面一般为紫褐色、浅褐色、黄褐色、红褐色、杏黄色、灰白色等,肋纹整齐美观,是制作贝雕工艺品的良好材料。

紫贝是扇贝的一个品种,外壳是紫红色的,有迷人的光泽和变幻的色彩,因为产量少而尤其珍贵。传说中紫贝壳象征着永恒的爱情,如果能得到紫贝壳,就会和自己相爱的人生生世世在一起。

无论是在东方还是西方的食谱中,扇贝都是一种极受欢迎的食物。通常,扇贝只取内敛肌作为食材。当你打开扇贝美丽的外壳,乳白色的扇贝柱犹如海洋中的"珍珠"被托在手中,鲜美芳香,散发着大海的味道。如果能用漂亮的扇贝壳作为菜肴的容器或者装饰,恐怕就更加能引起食欲了,不但饱了口福,也饱了眼福。

有这样一个令人感动的传说。在很久很久以前,有一位王子到了结婚的年龄,国王和王后打算让他和从小青梅竹马的表妹成亲,王子不满父母强硬草率的安排,决心出走去寻找自己真正的幸福。他以身份和财富为交换条件与巫婆订了契约,巫婆交给他一只紫色的贝壳,并告诉他另外一只紫贝的拥有者就是他的爱人。王子带上紫色贝壳去找寻心中完美无缺的爱情,一路上,有许多贪图富贵的女子拿着假的紫贝壳来找王子。但王子明白,真正的紫贝壳一旦把它们拼接起来后就会变成一个天衣无缝的心形。就这样,王子走

紫贝壳

了很远,从地中海走到爱琴海,从春天走到秋天再走到春天,直到有一天他走累了决定停下来歇一歇,看见身后一个浑身脏兮兮的女乞丐跟了上来。王子动了恻隐之心,想给这个乞丐几个银币。当乞丐抬起头来,王子惊讶地发现一颗紫色的贝壳赫然挂在她的脖子上,两个贝壳拼凑起来变成了一个完整的贝壳!而这个一路追随着她的女人就是她的表妹,原来真爱一直就在自己的身边,只是自己只顾着向前忘了回头看一看。紫贝壳不仅代表了完美的爱情,也包含了坚守和默默等待。

干 贝

无论是在东方还是西方的食谱中,扇贝都是一种极受欢迎的食物。通常,扇贝只取内敛肌作为食材。当你打开扇贝美丽的外壳,乳白色的扇贝柱犹如海洋中的"珍珠"被托在手中,鲜美芳香,散发着大海的味道。如果能用漂亮的扇贝壳作为菜肴的容器或者装饰,恐怕就更加能引起食欲了,不但饱了口福,也饱了眼福。

蒜蓉粉丝蒸扇贝

在东西方的食谱中,扇贝是百变的。在欧洲,扇贝通常是用黄油煎熟后作为开胃菜食用,或者裹上面包粉一起炸,在食用时配以干白葡萄酒;在中国,广东人喜欢用扇贝煲汤喝；在日本，人们喜欢将扇贝配上寿司和生鱼片一起食用。餐桌上的扇贝也是百变的，有时是盛在珊瑚红的贝壳里，有如胭脂白雪，美艳惊人；有时是和黑松露搭配，黑白分明；有时被切成半透明的宣纸一般的薄片，莹亮剔透。

蒜蓉粉丝蒸扇贝是一道很经典的海鲜菜。先把粉丝用水泡软，蒜、姜、葱切末加盐或适量的生抽拌在一起，然后将拌好的粉丝铺在贝肉上，加盖隔水蒸大约5分钟取出，淋上少许香油就大功告成了。扇贝的鲜香混合了蒜香、葱香，加上非常善于借味的粉丝，可谓色香味俱全，令人垂涎欲滴。

56. 百味之冠——蛤蜊

蛤 蜊

蛤蜊味道鲜美,不像鲍鱼、鱼翅等海鲜那样价高难求,被青岛人骄傲地称为"百味之冠"。

蛤蜊是双壳类动物。可食的蛤类有文蛤、花蛤、斧蛤、圆蛤等,颜色有红、有白,也有紫黄、红紫不等。它们生活于浅海泥沙滩中,旧时每逢阴历的初一、十五落潮,沿海的渔民和市民都纷纷去海滩挖掘这一海味来解馋,江苏民间更是有"吃了蛤蜊肉,百味都失灵"的说法。很早以前,渔民没有保鲜设备,卖不掉的蛤蜊很容易变质,于是就把蛤蜊煮熟后晒干制成蛤干,或者用很低廉的价格卖给城乡平民。历史上山东胶东半岛人民普遍有食用蛤蜊的习惯。蛤蜊不仅物美价廉,营养也很全面。据《神农本草经疏》记载:"蛤蜊其性滋润而助津液,故能润五脏、止消渴,开胃也。"此外,蛤蜊还被推荐为极佳的孕妇食物,因为蛤蜊中含有丰富的钙、铁、锌元素,可以减轻孕期不良反应,并且为胎儿供给优质的营养。

人们把蛤蜊看做海中的精灵,也赋予它许多美好的传说,寄托着喜爱之情。传说东海龙王有个女儿名叫蛤蜊,长得花容月貌,又心地善良,被龙王视为掌上明珠,但蛤蜊公主羡慕人间的生活,经常偷偷上岸游玩。一日,一个叫庄郎的英俊小伙在打鱼时听到求救声,原来是觊觎公主美貌的海龟精偷偷尾随公主而来。庄郎打跑龟精,并与蛤蜊公主互生情愫。但那海龟精逃回龙宫后恶人先告状,诬陷庄郎勾引公主。龙王大怒,颁御旨要水漫庄河两岸。蛤蜊公主怜悯两岸百姓,便用整个身体挡住波涛,任凭水击浪打,纹丝不动。大潮退了,灾难过去,庄郎来到海边河口,只见一只巨大的花蛤立在那里。看着那花纹颜色,与蛤蜊公主穿的衣裙一模一样,庄郎全然明白了。他流着泪来到了大花蛤身边,只见遍地都是小花蛤和海蛎子,还有沙蚬、白蚬、黄蚬、毛蚶等,这些都是蛤蜊公主的小姐妹们,她们舍不得离开公主,便永远留在这里安家落户了。

蛤蜊观音

此外,渔民中还有信奉"蛤蜊观音"的古老传统,这种信仰起源于唐朝。相传唐文宗爱吃蛤蜊,命沿海百姓月月进贡,渔民为完成进贡蛤蜊的数量,常要冒着生命危险下海去捕捞蛤蜊,哪怕台风季节也要照常出海,许多渔船有去无回,常常导致百姓家破人亡,因此怨声四起。观音菩萨知道人间苦难后,便隐身于一只五彩大蛤蜊内,宫廷御厨用刀也撬不开,摔也摔不碎,便拿它作为奇物进献文宗。文宗手托蛤蜊,蛤蜊竟自动打开,还有阵阵仙气飘出,定睛一看,里面竟是一尊珍珠观音宝像。文宗大惊之余,忙下旨取消进贡蛤蜊。这样,渔民又过上了安居乐业的生活。为感念观音之恩,渔民们塑观音像于蛤蜊之中,敬奉为"蛤蜊观音",以求护佑一帆风顺、渔业兴旺。

蛤蜊非常鲜,做法又简单,无论是炒、煮、拌、烤,还是包饺子、包包子,都很好吃。但要注意,海洋已经给蛤蜊调好了自然天成的海味,所以烹制时千万不要再加味精,也不宜多放盐,以免鲜味反失。

蛤蜊汤好喝的原因就在于其原汁原味,即蛤蜊浓郁的海鲜味。喝汤的时候,你仿佛可以感觉到从大海吹来的略带咸味的风。蛤蜊汤的做法很简单,先选择鲜活的蛤蜊洗净外壳,放在淡盐水中让其吐出泥沙;然后将蛤蜊在适度开水中焯洗,捞出控水,取出蛤肉裹上面粉,放花生油、葱姜爆锅,将蛤肉放入煎炒,至两面稍黄后,加入焯蛤水;开锅后,放入湿面糊,打入鸡蛋液,加盐、味精、香油、韭菜段。这样,一锅香喷喷、热乎乎的蛤蜊汤就做成了。蛤蜊汤可加各类食材同制,不但风味各异,还可起到不同的保健效果。例如,冬瓜蛤蜊汤有去水肿的功能,是妇女孕期的理想汤品;紫菜蛤蜊汤能滋阴润肺,化痰止血;海带蛤蜊汤可以有效改善酸性体质,助人长寿……

蛤蜊汤

山东有一现代诗人郭顺敏曾作《题海鲜蛤蜊汤》:"有道潍人乐海天,汤无蛤蜊不成筵。面中先吮十分味,诗里犹存一碗鲜。"这首诗正说出蛤蜊老少咸宜、广受欢迎的特质。

57. 秀色可餐——西施舌

西施舌

梁实秋在1930～1934年寓居青岛期间,对西施舌特别倾心,日后也每每念及。无独有偶,著名作家郁达夫也是位美食家,他饱尝各地的风味小吃、美味佳肴,却唯独对西施舌情有独钟。在1936年所记的《饮食男女在福州》中,他就对西施舌大加赞美:"色白而腴,味脆且鲜,以鸡汤煮得适宜,长圆的蚌肉实在是色香味俱佳的神品……正及蚌肉上市的时候,所有红烧、白煮,吃尽了几百个蚌肉,总算也是此生的豪举。"那么,"西施舌"究竟为何物,何以有如此大的魅力令人念念不忘呢?

西施舌,其实是一种名叫"沙蛤"的海产贝类。西施舌的外观呈小巧的三角扇形,外壳由顶端的紫色过渡到淡黄褐色,在风平浪静的时候常会张开双壳,吐出白嫩的肉,好像人的舌头,故而得名。西施舌这一美名,不仅在于其外形,更源于其极高的营养和食用价值。它肉质白嫩肥厚、脆滑鲜美、香甜爽口,含有丰富的蛋白质、维生素、矿物质以及人体必需的氨基酸等营养成分,因而在海味中久负盛名。

据说在唐朝以前,人们把各种海蛤统称为蛤蜊,直到宋朝人们才逐渐认识到西施舌独特的美味,将它从蛤蜊中分出来,当时还有诗歌咏之:"吴王无处可招魂,唯有西施舌尚存。曾共君王醉长夜,至今犹得奉芳尊。"

说起西施舌的来历,民间还有一个传说。相传唐玄宗李隆基东游到崂山时,吩咐厨子用当地上好的海鲜做一道菜,于是厨师就用一种海蛤,精烹细调制作了一款汤菜,唐玄宗吃后拍案叫绝,赐名"西施舌",从此西施舌身价与日俱增,成为贡品。

西施雕像

传说的有趣之处在于它常常不会只有一个版本。对于"西施舌"这样一个美丽的名字,还有一个更加凄丽的故事与之相配。话说春秋时期,越王勾践凭借西施用美人计灭掉吴国后,他的夫人唯恐西施红颜祸水使越国重蹈吴国的覆辙,于是暗中派人骗出西施,将石头绑在西施身上将她投入大海。西施死后化为沙蛤,期待有人找到她,吐出丁香小舌尽诉冤情。传说终归是传说,"西施舌"这一雅号是否只是为了成全沙蛤的盛名而来,我们不得而知。中国人喜欢制造浪漫,从"吃"上就可窥见一斑。成语中有"秀色可餐"一说。对于西施舌,究竟是秀色可餐,还是餐如秀色,待读者自己去品味。

58. 味美价廉——大竹蛏

大竹蛏

有这样一种奇怪的海洋生物：壳体呈长方形，壳面光滑，壳质脆弱，两壳合抱后呈破裂竹筒状。它，就是大竹蛏。一般来说，大竹蛏的个头在 11 厘米左右，但个别体能旺盛者可以达到 22 厘米以上。

大竹蛏四海为家，在我国南、北海域均有分布。平日里，它生活在潮间带中、下潮区至浅海的泥沙质海底，将自己的大部分身体埋入泥沙中。一旦感觉风吹草动、危机四伏时，它便会迅速地收缩其出、入水管，将身体全部埋入泥沙中。如此"依恋"泥沙的大竹蛏，在泥沙中是什么姿态呢？舒舒服服地躺着？不，它一直坚持用其强有力的锚形斧足保持直立状。饿的时候，大竹蛏常常摄食一些浮游植物和有机碎屑。

采集大竹蛏非常麻烦，而且技术含量很高，要想找寻到大竹蛏的住所不是一件容易事。一般来说，在退潮后，如果你发现泥沙岸上出现了两个紧密相邻、大小相等的小孔，并且在受震后能够下陷成为一个较大的椭圆形的孔，那么恭喜你，你找到了大竹蛏的孔穴。如何采集呢？不同沙质的海滩办法还不一样，但不管是什么方法，记住行动一定要狠、准、快。一般的泥沙滩，人们常常是在不惊动大竹蛏的情况下，用铁锹迅速下挖 30～50 厘米，以此获得。若是在较硬的泥沙滩，那么可以用铁锹铲去表面的一层薄薄的泥沙，使其穴口的暴露面更大，然后将食盐放入其穴内；不一会儿，大竹蛏就会受刺激而从穴位深处爬升到穴外。冬季，要想发现泥沙底下藏的蛏穴很不容易，只有用粗绳索，在沙滩上从内向外打圈般地拉刮沙滩上的泥糊，才能发现大竹蛏的气孔。

59. 东海夫人——贻贝

贻贝

　　贻贝是双壳类软体动物，外壳呈青黑褐色，生活在海滨岩石上，以北欧、北美数量最多，在中国沿海也十分常见。退潮期间，海岸岩石上常可以见到密集的贻贝。常见的品种有紫贻贝和翡翠贻贝。紫褐色壳子的就是紫贻贝，壳子带有鲜艳绿色边缘的就叫做翡翠贻贝。

　　贻贝在北方称海红。在南方，人们习惯于将贝肉挖出，煮熟晒干食用，因煮制时没有加盐，故称淡菜。它是驰名中外的海产珍品，肉味鲜美，营养价值高于一般的贝类和鱼、虾、肉等，对促进新陈代谢、保证大脑和身体活动的营养供给具有积极的作用，其干品的蛋白质含量达 59%，因此有人把贻贝称为"海中鸡蛋"。

　　据《本草纲目》记载，贻贝有治疗虚劳伤惫、精血衰少、吐血久痢、肠鸣腰痛等的功能。明代医家倪朱谟对贻贝的功效尤为赞叹："淡菜，补虚养肾之药也。"可见，它的确是一味极佳的药食两用之物。不过，根据《医学入门》所言："须多食乃见功。"要实现贻贝的药用价值，不可浅尝而止，需要经常吃才有效果。

　　春夏之交是贻贝的繁殖期。这时候的贻贝个个肥嫩多汁，而且价格特别便宜，会过日子的家庭主妇常会买上一盆回家打牙祭。

　　贻贝一般固着在岩石上，但有的也固着在浮筒或船底上面，因此浮筒会因增加重量而下沉，船只也会因增加重量和阻力而大大影响航行的速度。为了防止贻贝危害，人们不得不设法在船底涂上防污漆，让贻贝的幼体无法附着。

岩石贻贝

贻贝因其干品"淡以味,壳以形,夫人以似名也",所以明朝李时珍赋予它一个"东海夫人"的美名,而它也果真名不虚传。

早在西汉初年,中国最早的一部解释词义的专著《尔雅》中就有了贻贝这个名字。到了唐代,福建居民已有采集贻贝作为佳肴的习俗,其干品也已成为贡品,《新唐书•孔戣传》就有"岁贡淡菜、蛤蚶之属"的记载。到了清代,贻贝甚至一度成为海八珍之一。可见,人们对贻贝的食用价值愈来愈重视。

人们对于"东海夫人"的喜爱之情在浙江嵊泗岛上得到了升华,那里有专为它举行的盛大节日——嵊泗贻贝文化节。那是嵊泗岛上最大的节庆活动,在一两个月的时间里,你可以在"嵊泗海鲜推介会"、"万名游客品贻贝"、"贻贝烹饪大赛"等系列活动中尽情穿梭,领会浓郁的渔乡风情汇演,那里的沙滩音乐风暴、狂欢派对、另类表演、休闲度假、体育运动等也是精彩纷呈。

60. 贝类之王——库氏砗磲

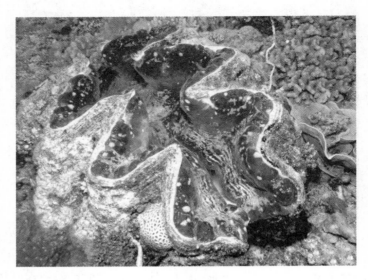

库氏砗磲

要称得上"贝类之王",那一定要有王者风范。另一个名字是"大砗磲"的库氏砗磲有两项足以震慑住其他贝的优势。第一,它身形庞大,最长的可达2米,重约300千克,和日本相扑选手差不多重。把这么大的砗磲贝壳做成婴儿浴盆可是绰绰有余,小一些的也可以做成花盆呢。第二,它两扇贝壳闭合时力量大得惊人。一旦谁"惹"了它,砗磲会迅速收缩闭壳肌,如果这时你的脚恰好放在两扇壳之间,没准会被夹断。无论是在中国历史还是西方历史的记载中,砗磲都贵为上品。东方佛典《金刚经》中,砗磲与金、银、琉璃、玻璃、赤珠、玛瑙一同被列为"佛教七宝";如今巴黎圣瑟尔斯教堂仍陈列着砗磲壳,专供盛圣水之用。

库氏砗磲是砗磲科中最大的一种,在我国南海诸岛、海南岛和台湾岛南部均有分布,它喜温水,生活在热带海域,一般栖息在低潮线附近的珊瑚礁间,壳顶向下,腹面朝上,用足丝固着在海底的礁岩上,它一点也不爱动弹,甚至终生不挪动地方,还常常因珊瑚的生长被半埋在珊瑚中。

对"不运动"的库氏砗磲来说,怎么做到不挨饿呢?它饿了的时候就会张开巨大的壳,伸出肥厚的外套膜边缘"觅食",用鳃来滤食流动海水带来的微小浮游生物。如果只吃这些,它是不能长这么大的,聪明的库氏砗磲有一种巧妙的办法——在自己身上"种"食物。在它外套膜边缘的表面分布着大量虫黄藻,虫黄藻可以利用库氏砗磲身上玻璃体聚合光线的功能来进行光合作用。虫黄藻长大,库氏砗磲"收获"的时候也就随之而来,将虫黄藻作为自己的可口食物,用血液中的变形细胞将它们消化吸收。

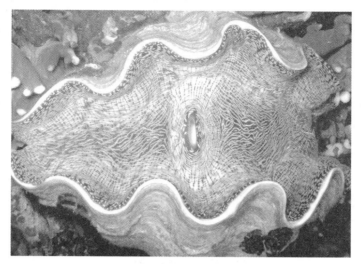

库氏砗磲

　　库氏砗磲的"王袍"通常是白色或者浅黄色,外套膜缘呈鹅黄、翠绿、孔雀蓝等色彩,高贵典雅,可做装饰品。它不光漂亮,而且有医用、食用和实用价值,因而被称为"龙宫瑞宝贝王"。《本草纲目》中说,砗磲有锁心、安神的功效;砗磲的肉质细嫩,营养丰富,尤其是闭壳肌厚实强大,晒干后就是名贵海味之一的蚵筋;砗磲产生的蚵珠虽色泽不如珍珠,但是可以做镇静剂和眼药的原料。

第四部分 海洋虾蟹

　　"秋风响,蟹脚痒",自古以来虾蟹就是人们盘中的珍馐美味。其实,海洋虾蟹除了味道鲜美外更有许多为人类所不知的"秘密"……

　　海洋虾蟹属于甲壳纲的十足目,共有9 000余种。海洋虾蟹因有5对步足,故被称为十足目;身体分头胸部和腹部;头胸部具发达的头胸甲。虾类的腹部发达,蟹类腹部退化而折于头胸甲下面。它们用鳃呼吸,卵生。

　　虾蟹类动物与人类有着十分密切的关系,有些是水产养殖或捕捞对象,如对虾、毛虾、梭子蟹等,营养丰富,产值很高,在中国海洋渔业捕获物中产量相当大。中国沿海的虾蟹种类非常多,目前已发现的有 1 000 多种,其中虾类 400 多种,蟹类 600 多种。对虾是海产虾类中产量大、经济价值高的类群,特别是浅海产的对虾属、新对虾属等大中型种。此外,更小的毛虾属在较温暖的近岸海域产量特大。近年来,海产虾如对虾属的中国对虾、日本对虾、褐对虾、斑节对虾等已经大量进行商业养殖,产量正在迅速增加。

61. 并非成双成对的虾——对虾

对 虾

我们通常所说的对虾是中国对虾，也称中国明对虾。它是中国的特产，主要分布于黄渤海。中国对虾体形侧扁，通常雌虾个体大于雄虾，甲壳光滑透明，雌体青蓝色，雄体呈棕黄色。对虾全身由 20 节组成，除尾节外，各节均有附肢一对；头胸甲前缘中央突出形成额角，额角上、下缘均有锯齿。

此外，常见的还有南美白对虾（也称凡纳宾对虾）和日本对虾。南美白对虾原产自南美洲东部沿海，是一种优良的养殖品种，20 世纪 90 年代引进中国人工养殖，目前是中国人工养殖最多的对虾品种之一。日本对虾生活在太平洋西岸，是一种重要的经济虾类。日本对虾有蓝黑色环纹，体色鲜艳，在中国已经成功地大规模养殖，成为人们餐桌上的常客。

中国对虾属广温、广盐性、一年生暖水性大型洄游虾类，平时在海底爬行，有时也在水中游动。渤海湾对虾每年秋末冬初，便开始越冬洄游，到黄海东南部深海区越冬；第二年春天北上产卵洄游。4 月下旬开始产卵，幼虾于 6～7 份在河口附近摄食成长。9 月份开始向渤海中部及黄海北部洄游，形成秋收渔汛。

"对虾"并不是因为它们常常一雌一雄成对在一起而得名，而是因为过去在中国北方市场上常以"一对"为单位来计算售价。关于对虾名字的由来，还有一段传说。

相传在慈禧太后垂帘听政的时候，为全面控制皇权，下旨让光绪帝在皇宫内的超龄宫女中选妃,便于安插亲信。而光绪皇帝却提前下旨让那些超龄宫女一律出宫还家。 慈禧身边有4个超龄贴身侍女,但慈禧被侍候惯了,不肯放她们出宫。侍女中有个叫翠姑的,偷偷求助于她在御膳房做御厨的远房叔叔。这御厨费尽心思琢磨出一款菜肴,大虾头尾相接,呈微红色,匹配得色调和谐,娇美动人,取名叫"红娘自配"。当慈禧太后问到菜名时,他便答道:"此菜用虾要成双成对,所以取名'红娘自配'。"又一天,慈禧太后心情不错,便让人做了"红娘自配"这道菜,问了侍女几句话,便放她们出宫了。这件事传到宫外,街上的商贩们就把大虾一对一对地卖,给其取名为"对虾"。为宫女们解脱樊笼的宫廷菜肴"红娘自配",作为一个民间故事和一道宫廷菜肴也在民间慢慢地流行开来。

对 虾

62. 好战的虾王——龙虾

龙 虾

龙虾,也称作大虾、龙头虾、虾王等,主要分布于温暖海域,是一种名贵海产品。

龙虾体长一般为 20～40 厘米,是虾类中最大的一类,最重的能达到 5 千克以上;体呈粗圆筒状,头胸部较粗大,外壳坚硬,色彩斑斓;腹部短而粗,后部向腹面卷曲,尾扇宽短呈鳍状用于游动,尾部和腹部的弯曲活动可使身体前进;胸部有 5 对足,其中一对或多对常变形为不对称的螯;眼位于可活动的眼柄上,有两对长触须。龙虾的奇特之处很多,比如它在战斗中可以丢下部分肢体迷惑捕食者,自己却快速逃跑;龙虾的颜色也是多种多样,从蓝绿色到锈棕色各不相同,甚至还有白色的龙虾;最奇特的是龙虾有牙齿,而且它的牙齿是长在胃里的。

龙虾在成长的过程中需要换壳。新换的虾壳又薄又软,称为软壳,软壳要经过几天才能够硬化。这种换壳行为伴随着龙虾的一生。在龙虾出生的头一年它们将经历 10 次换壳,以后大约每年一次直到其成熟。成熟的龙虾大约 3 年换壳一次。

龙虾生性好斗,在饲料不足或争夺栖息洞穴时,往往会出现恃强凌弱的现象。龙虾幼体的再生能力较强,即使在争斗中身体出现损失,也会在下一次换壳时再生,几次换壳后就会恢复,只不过新生的部分比较短小,看起来有点不协调。这种自切与再生行为是一种保护性的适应。

龙　虾

63. 盛产金钩海米的虾——鹰爪虾

鹰爪虾

如果有人跟你提到"立虾、厚皮虾、沙虾、红虾、鸡爪虾"这些名字,别慌,其实说的都是鹰爪虾。鹰爪虾,果然名不虚传,它们腹部弯曲,形如鹰爪。白日里,它们钻入沙子中,舒舒服服地做着"白日梦";而一到夜晚,它们便慢慢地从泥沙中爬出来,在水中自由游动觅食。

鹰爪虾喜欢将自己的家园建筑在近海的泥沙海底。在黄海海域,鹰爪虾的产卵场遍布沿岸的各个海湾和河口附近,其中,山东半岛北岸是鹰爪虾生殖和越冬洄游的必经之路。每年的 4 月上旬至 5 月下旬,在山东省荣成至长岛沿岸的近海诸渔场,都会形成捕捞鹰爪虾的旺汛。据相关数据统计,仅山东省鹰爪虾的年产量就占黄、渤海总产量的 80% 左右,其中烟台、威海两市的产量能占到全省的 90%。

海 米

如果海米哪一天突发奇想，想要论资排辈的话，那么鹰爪虾加工而成的干品，一定是海米中的"佼佼者"。它们体表光滑洁净，色泽杏黄微红，体形前部粗圆，后端尖细而带弯钩，就像一个个"金钩"，故而它们便有了"金钩海米"的美誉。在黄海一带，烟台和威海两市都是山东省海米的主要产区，尤其是山东省威海市的荣成龙须岛所产的海米，香而略甜，色泽橙黄，驰名中外，更有"龙须金钩"的美誉。

64. 天然饵料——中国毛虾

中国毛虾

中国毛虾总是披一身雪白的纱衣,瞪着两只褐色的大眼睛。这双眼睛真可谓炯炯有神,毛虾可以借助它的一对长眼柄,在浑浊的污水中来去自如,不迷失方向。

中国毛虾属于樱虾科毛虾属。它是一种生长迅速、生命周期短、繁殖力强、世代更新快、游泳能力弱的小型虾类。平日里,中国毛虾主要栖息在海水的中下层,只有夏季来临时,它们才会上升到海水表层来透凉。在渤海,中国毛虾的生活很规律,不进行长距离洄游。它们总是在每年的3月中上旬进入河口浅海水域;4～5月到处寻找食物,填饱肚子;5～7月便产卵繁殖;11月下旬再次移入渤海水深30米处越冬。

外表文静、体型娇小的中国毛虾向来是各种海水鱼、蟹的天然饵料,钓鱼爱好者常常将其作为海钓的钓饵。如果想让你的鱼钩上出现活蹦乱跳的鱼蟹,那你可以试试中国毛虾。它们可以为你带来鲆鱼、鲽鱼、橡皮鱼、方头鱼、大黄鱼、小黄鱼、叫姑鱼等数十种中小型海鱼呢。另外,提醒一下,如果是想钓肉食性鱼,那么需要将整只虾都挂在钩上;如果是只想钓小型杂食性鱼,那你只要将中国毛虾的虾肉钩上就行了。

65. 铁甲勇士——虾虎

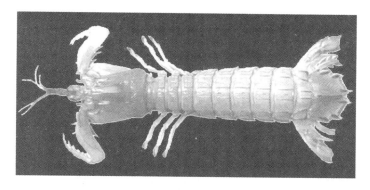

虾　虎

虾虎，又叫虾蛄，也叫做爬虾、皮皮虾、琵琶虾等。全世界约有 400 种，绝大多数生活于热带和亚热带，少数见于温带。在中国沿海均有，南海种类最多。

虾虎营养丰富，且其肉质松软，易消化，对身体虚弱以及病后需要调养的人是极好的食物；虾虎是蛋白质含量很高的海鲜之一，其含量是鱼、蛋、奶的几倍甚至十几倍，而且是营养均衡的蛋白质来源。

虾　虎

虾虎好吃壳难开。虾虎的硬壳可谓一道坚墙固垒，所以想吃虾虎需攻坚克垒。尤其是腹部的脚足部分，颇为锋利，吃的时候很容易扎破手指。年岁稍大的虾虎,其外壳就更不是一般人徒手可以解决的了,需要佐以工具。可以用筷子顶开,也可以使用剪刀。但沿海人民也有徒手格斗虾虎的神技:双手将虾虎首尾捉住,轻轻抖动,抚摸虾壳几次,从尾部一揪,肉和壳就会分开。据说福建也有类似秘法,且都是家中长辈从小就会传授的技术。

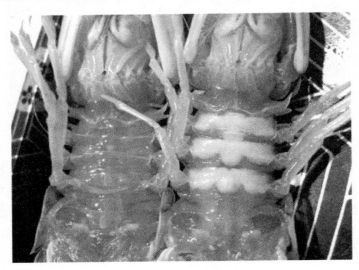

母虾虎与公虾虎

母虾虎与公虾虎最明显的区别在于母虾虎的胸前有个鲜明的"王"字,据说这个"王"字还有来历呢。

传说当年鱼族欲独霸海洋,气势汹汹发动战争,想消灭鱼族之外的所有生物,终于鱼、虾两族兵戎相见。老虾王召开全虾族大会,想让虾多势众、脾性猛烈的毛虾出战。不料,毛虾都想等虾王老去争夺王位不肯出战,而其他虾吓得瑟瑟发抖、畏葸不前。老虾王已无力再挂帅亲征,无奈之下,只得选择与鱼族和解,从此世世代代做鱼族的奴仆。鱼族到来的那一天,鱼族在虾族的土地上肆意行凶,见虾就杀,而毛虾居然伙同鱼族,趁火打劫。一只母虾虎看到同伴被杀,悲痛万分,它立即号召所有的虾虎起来反抗。经过几个昼夜的殊死搏斗,战争终于平息,鱼族退出虾族的领地,在这只母虾虎的带领下,虾族取得了保卫家园的胜利。

老虾王用虾族最高礼仪迎接凯旋的虾虎斗士。由于虾虎的英勇斗争,维护了水族的平衡,龙王也特来祝贺。龙王鉴于虾虎的英勇表现,特地奖给虾虎全副铠甲。为特别表彰母虾虎,赐给它们"王"字标志,佩戴胸前。而作为惩罚,毛虾被贬,不得不缩小身体,从此生活在海泥之中。

　　春季是吃虾虎的黄金季节,肥壮肉鲜。虾虎烹调方法因地而异,莱州人喜欢把虾虎用盐腌一两天生吃,据说这样吃具有活血生津、壮阳补肾等药用功能。老青岛人则喜欢把虾虎去尾,用擀面杖由头至尾将虾肉擀出来,再进行烹制。在众多做法中,以蒸或煮为首选,最经典的莫过于清蒸。

虾　虎

　　虾虎洗净,放入锅中蒸熟,标志是壳变成红色,然后夹出摆放盘中,醋、姜末、盐、香油调成汁,蘸着吃即可。 吃法有二。一筷到顶:将虾虎背朝下,用一根筷子从虾虎的尾部与躯干连接处插进去,一直抵到虾壳,再向上插到虾头处。一只手握住虾身,用筷子向上一撬,虾腹就与虾壳完全脱开,即可大快朵颐。节节开:顺着虾身由上至下剥,注意要顺着虾壳硬刺的方向慢慢剥开,剥开一节后顺势绕虾身剥下去,一节一节地整个虾肉就能比较完好地露出来。尾部的虾肉最好先用牙签剥离一下,然后再整个拔出,一个比较完整的虾虎肉就剥成了。

66.拳击冠军——螳螂虾

螳螂虾

螳螂虾是我们常见的虾虎的表亲,它们构造基本相同,但和口虾蛄相比,螳螂虾的体色更加艳丽多彩、性情更加凶猛。

螳螂虾可以看见 12 种"原色",是人类识别原色能力的 4 倍。 同时,螳螂虾还能分辨出光波的复杂变化。据悉,螳螂虾是利用体内一种高度敏感的细胞来辨别进入眼睛的光线的,整个可见光谱,从接近紫外线到红外线的光线螳螂虾都能予以有效识别。

在水深 30 米的珊瑚丛中,一只螳螂虾蛰伏在洞穴里面。珊瑚蟹毫无顾忌地游动到螳螂虾的巢穴旁,浑然不觉危险就在眼前。看到猎物出现,螳螂虾悄悄举起一对巨大的桨状肢,然后闪电般地扑向这只螃蟹。随着一个快得难以察觉的击打动作和"砰、砰"两声巨响,珊瑚蟹厚厚的甲壳上已开了两个大洞。

加州大学伯克利分校的三

螳螂虾

位动物学家,利用高速摄像系统研究了螳螂虾的攻击速度,发现其攻击时的最高速度超过 80 千米 / 小时,最高攻击加速度可达到地心引力的 10 400 倍! 如此强大的攻击力量,别说螃蟹,甚至连玻璃都能击碎。

　　目前 DVD 设备只能使用一种颜色的光束来工作。据悉螳螂虾将对人类开发新一代高清晰 DVD 存储技术产生巨大推进作用;若能够成功,必将直接促进信息存储技术的巨大进步。

67. 横行将军——三疣梭子蟹

在我国渤海,居住着个头较大的经济蟹——三疣梭子蟹。乍一听,就会被这个奇怪的名字吸引,为什么称"三疣梭子蟹"？这得从这种蟹的外形说起。三疣梭子蟹头胸甲呈梭形;此外,中央有 3 个疣状突起,所以人们便称这种蟹为"三疣梭子蟹"了。

长相如此奇特的三疣梭子蟹,也是渤海的一位常客。它们

三疣梭子蟹

尤其喜欢山东莱州湾附近的风景,纷纷涌向那里"筑房定居"。因此一般情况下,山东莱州湾的三疣梭子蟹产量,会占到山东省蟹总产量的一半以上。莱州湾对三疣梭子蟹捕捞的历史非常悠久,早在乾隆年间,《莱州府志》就已把三疣梭子蟹列为重要的海产品之一。

三疣梭子蟹汤

"芙蓉菊花蟹"、"雪丽大蟹"、"七星蟹黄",这一道道名字唯美的佳肴一般是宴席上的重头菜,而它们的原料就是三疣梭子蟹。三疣梭子蟹肉白嫩质细,膏

似凝脂，不仅风味绝佳，而且营养丰富。唐朝大诗人白居易曾在《奉和汴州令狐令公二十二韵》中这样描绘："陆珍熊掌烂，海味蟹螯咸。"

　　在渤海边，常常会听到渔民这样说："春吃团脐，伏吃长脐。""团脐"和"长脐"究竟是什么东西呢？　"团脐"就是指雌蟹，"长脐"就是指雄蟹。这是因为雌蟹的脐，比较圆润；雄蟹的脐，则尖而光滑。那为什么春天吃雌蟹，夏季才吃雄蟹呢？因为每年春暖花开的时候，雌蟹就会从黄河口以北的越冬场，陆续游向莱州湾一带"生儿育女"、觅食"育儿"。这时候未产卵的雌蟹（人称"石榴黄"），鲜香甘腴，尤其以谷雨前后最为丰满。而到夏季时，雄蟹才从越冬场成群结队而来，这支横行霸道的队伍比此时的雌蟹便更显丰腴肥大。雌蟹的卵粒都附着在其腹肢刚毛上，形成鼓鼓的一堆，渔民称这样的雌蟹为"蹭仔母蟹"。母蟹蹭仔前，肉肥膏满，大者重斤余，而在产卵后体弱肉瘦，香虽不如前，鲜度却有增无减。

68.蟹如其名——元宝蟹

元宝蟹,蟹如其名,像一个个大元宝,每只螃蟹至少也有750克,肉很厚很嫩,一见便有食欲。它的外表光滑,腹部有时会渗出白色的蟹肉,全身缩起来时,就像蒸出来的馒头、烤出来的面包一样,所以它又叫馒头蟹、面包蟹。它的蟹足非常厉害,能夹破贝壳,以螺肉为食。

元宝蟹是南海独有的螃蟹品种,多栖息于温带至热带海域30～100米水深的泥沙质海底。我国主要分布在台湾海峡和广东、福建沿海。它一般生活在布

元宝蟹

满沙砾和五颜六色的鹅卵石的海底,我国著名的大沙渔场就生活着这种蟹。

元宝蟹的壳可以入药,秋天的时候,在沙滩或岩岸石缝中可以捕到它,除去肉和内脏,将壳洗净晒干备用,可以通阳散结。它的肉含蛋白质、氨基酸、脂类等,营养丰富。

69. 青绿色的螃蟹——锯缘青蟹

锯缘青蟹

在我国广东、广西、福建和台湾的沿海区域，生活着这样的一种锯缘青蟹。它身体泛着青绿色，附肢也是青绿色的，喜欢在靠近海岸的浅海和河口等地方的泥沙底面钻洞穴居，也喜欢在滩涂水洼和岩石缝里面生活。白天的时候，锯缘青蟹住在洞里面营穴居生活。晚上的时候就到处找食物吃，因为它的眼睛和触角的感觉很灵敏，即使在晚上也能活动自如。夏天的时候，水浅的时候它大多数时候会潜伏在泥沙底下避暑，这个季节也是它活动最频繁的时候。相反，到了冬天的时候，它的活动就很少了，天气冷的时候它就在低潮的浅滩处挖出洞来开始越冬。

锯缘青蟹的食性很杂，经常吃的食物是滩涂上的蠕虫，也吃海洋里面的小动物，像小杂鱼、小虾和小的贝类它都喜欢吃。甚至有的时候，它们还会自相残杀，一些刚刚脱壳不久的锯缘青蟹在壳还是软软的时候一不小心就成为了同类残食的对象。

锯缘青蟹的肉味道鲜美，营养很丰富，不仅有滋补的作用，还能起到强身的功效。特别是雌蟹，被我国南方人看做"膏蟹"。现代的营养分析也表明，蟹肉里面含有丰富的蛋白质和微量元素，对身体有很好的滋补作用。

第五部分　海洋鸟类

　　海鸟非常美丽，它们的身体呈流线型；体表被覆羽毛，一般前肢变成翼；胸肌发达；食量大，消化快，直肠短，有助于减轻体重，利于飞行；心脏有两心房和两心室，心脏跳动次数快；体温恒定；卵生；呼吸器官是肺，还有由肺壁凸出而形成的气囊用来帮助肺进行双重呼吸。

　　海鸟的种类繁多，全球分布，生态多样。主要有两个总目：一是企鹅总目，包括善游泳和潜水而不能飞的鸟,如企鹅;二是突胸总目,是鸟纲中最大的一个总目,绝大多数海洋鸟类都属于这个总目,翼和羽毛发达,善于飞翔,胸骨有龙骨突起,强健的胸大肌附着其上,为飞行提供动力,具有中空的充气性骨骼,有利于减轻体重。

　　鸟是人类的朋友。海鸥经常翱翔在码头、港口和船舶周围,洁白的身躯畅游天际,引起人们无限的遐想。

70. 企鹅中的帝皇——帝企鹅

帝企鹅

皇帝企鹅，简称帝企鹅，是企鹅中体型最大的一个种类。它们背黑腹白、喙赤橙色，脖子底下有一片橙黄色羽毛，好像系了一个领结，举止从容，一派君子风度。企鹅属于鸟类，却不能飞翔，翅膀演化成游泳的鳍肢。帝企鹅在陆地上行走笨拙无比，但在水里却十分灵活，能飞快地游动，敏捷地捕捉小鱼和磷虾。上岸时，企鹅猛地从海面扎入海中，拼力沉潜，到适当的深度后再摆动双足，猛地向上，犹如离弦之箭蹿出水面腾空而起，画出一道完美的倒"U"形线落于陆地之上。若是成群的企鹅一起上岸，那景象十分壮观。

因冬季敌害相对较少，帝企鹅的繁殖时间通常选在严寒的冬季。雌帝企鹅在繁殖地产下蛋后，将其郑重地交给雄帝企鹅，然后返回食物丰富的海洋觅食。雄帝企鹅用嘴把蛋拨到双脚上，用垂下的腹部皮肤遮住。这段时间，雄企鹅弯着脖子、低着头、不吃不喝地站立 60 多天，仅靠消耗自身脂肪维持体能；而且，为了避寒和挡风，多只雄帝企鹅常常会并排而站，背朝来风形成一堵挡风的墙，相互协作，以保证孵卵的成功率。

小帝企鹅出生后不久，雌帝企鹅也返回了繁殖地。在父母双亲的精心抚养下，小企鹅不到一个月就可以独立行走了。为了便于外出觅食，企鹅父母会把小企鹅送到"幼儿园"中，由一只或几只成年帝企鹅集体照顾。小企鹅也会乖乖地等父母回来接它回去。"幼儿园"的小企鹅偶尔也会遭受凶禽、猛兽的侵袭。此时，负责照看的企鹅便会发出救急信号，招呼邻居，前来御敌。

尽管有家庭和集体的双重照顾，但由于南极恶劣环境的压力和天敌的侵害,小企鹅的存活率很低,仅占出生率的 20% ～ 30% 。

帝企鹅

全球变暖是企鹅生存出现危机的主要原因。研究表明,全球变暖使海水温度不断升高,造成企鹅的食物来源骤减,而人类在南极的活动也有或多或少的影响,栖息环境的恶化严重威胁了企鹅的生存。

71. 忠贞的海鸟——海鹦

海 鹦

有一种海鸟,它们昂首挺胸,迈着阔步走来,无奈腿太短,总是摇摇晃晃,透着笨拙;白白的脸庞像是化了浓浓的妆,双眼透着淡淡的红色,像两颗玻璃珠;喙宽大鲜艳,交织着灰蓝、黄、红三种颜色,艳丽的色彩和看起来一本正经的严肃面孔,让人不禁想起马戏团里的小丑。这种名为海鹦的鸟,美丽可爱又憨态可掬,被人们称为鸟类的笑星。

海鹦看起来胖胖的,笨拙劲儿与企鹅似有一拼,但本事却比企鹅大得多。海鹦的翅膀并不宽大,但却能在空中以 80 千米／小时的速度翱翔;不管海面多么狂暴,它们也能从容地在波涛中自由驰骋;想要潜水,一个猛子扎下去,待上一分钟没有问题;在陆地上,虽然奔跑的姿势十分可笑,但速度却不是一般水鸟可比,可谓发展全面。所以,"全能王"这个名号,海鹦是当之无愧。

海鹦喜欢群居,一般把巢穴筑在沿海岛屿的悬崖峭壁的石缝中或洞穴里。为了防御天敌,洞穴口不宽,里面却十分宽敞,垫着嫩草编成的草窝,舒适而整洁。

海鹦是一种忠贞的鸟,一旦结为"夫妻"

海 鹦

便忠贞不渝。海鹦还很恋家,每年都会找到旧巢孕育生命。小海鹦出世后,海鹦父母更加忙碌,奔走于海与家之间。为了缩短往返次数,海鹦会一边含着食物,一边向下一个目标攻击,曾有只海鹦一嘴衔了62条小鱼。真是不可思议!海鹦"夫妻"轮流觅食哺育幼鸟,进进出出忙碌的身影,充满了家的热闹与温馨。

　　海鹦对生活环境的要求很高,但现在的人类活动对它们造成了威胁,很多不堪重负的海鹦放弃了自己的家园,带着眷恋,带着伤痛,带着无奈与惆怅,逐渐远离我们而去。如今,海鹦栖息地主要集中在法罗群岛、冰岛及挪威的部分地区。愿海鹦能够在这片"净土"上安静地生活。

72. 白色的精灵——海鸥

海 鸥

海鸥身长 38～44 厘米, 翼展 106～125 厘米, 寿命约 24 年。成鸟的羽毛有夏羽与冬羽之分。夏羽头颈部为白色, 背肩部呈石板灰色, 下体纯白色。冬羽与夏羽相似, 但在头顶、头侧、后颈等处有淡褐色斑点。海鸥也捕食岸边小鱼, 或拾取岸边及船上丢弃的剩饭残羹; 部分大型鸥类会掠食同种或其他鸟类的幼雏。

在海边, 时常有成群的海鸥欢腾雀跃, 有的停在沙滩上, 悠闲自在; 有的跟随在船只后面, 展翅飞翔; 有的落在海面上静躺休憩, 随波逐流, 像一艘艘白色的小船, 很是惬意。海鸥很惹人喜爱, 不少摄影作品中都有它们的身影。

海鸥可以作为海上航行安全的"预报员"。富有经验的海员都知道, 海鸥常落在浅滩、岩石或暗礁周围, 群飞鸣噪, 这无疑是对航海者发出提防撞礁的信号; 海鸥还有沿港口出入飞行的习性, 在航行迷途或大雾弥漫时, 海鸥的飞行方向可以作为寻找港口的依据。海鸥还是出色的天气预报员: 海鸥贴近海面飞行预示未来的晴天; 沿着海边徘徊预示逐渐变坏的天气; 如果海鸥高高飞翔, 成群结队地从大海远处飞向海边, 或成群聚集在沙滩上或岩石缝里, 这预示暴风雨即将来临!

为什么海鸥能预测天气? 因为海鸥的骨骼是空心管状的, 没有骨髓而充满空气。这样的骨骼很像气压表, 能及时预知天气变化。而且, 海鸥翅膀上还有一根根空心羽管, 也像一个个小型气压表, 能灵敏地感觉气压的变化。

海　鸥

　　2010 年 5 月至 6 月，先后有两只海鸥在英国被拍到头部被飞镖贯穿，但令人惊奇的是两只海鸥丝毫不受影响，依然展翅高飞。海鸥的生命如此坚强，但却让我们看着心酸！美丽的海鸥应该自由自在地在天空翱翔，希望这令人痛心的一幕不再上演，这样的坚强不是我们希望的！

73. 企鹅的天敌——贼鸥

贼 鸥

贼鸥是一类具有掠食性的海鸟,有 5 个种类。贼鸥如同野鸭子般大小,脚上长着便于划水的蹼。贼鸥羽毛颜色存在差异:在北方贼鸥仅生活在大西洋苏格兰至冰岛地区,羽毛稍呈锈红色;在南方生活的贼鸥,羽毛颜色从灰白色到浅红色再到深褐色。贼鸥敏捷而行动迅速,因极具掠夺性,被冠以"强盗"的恶名。贼鸥生性懒惰,惯于偷盗抢劫,祸害其他鸟类;抢夺食物,霸占巢窝,驱散其他鸟的家庭,可谓是"穷凶极恶"。

贼 鸥

贼鸥是企鹅的两大天敌之一。在企鹅繁殖季节,贼鸥经常突袭企鹅的栖息地,叼食企鹅的蛋和雏鸟,闹得鸟飞蛋打、四邻不安。

贼鸥还给科学考察者带来了很大的麻烦。如果不加提防,随身所带的食品,会被贼鸥叼走。1984 年,中国科考队进军南极乔治王岛建立长城站时,就有队员拍下贼鸥偷鸡蛋的情景。队员将带来的整箱冻肉埋在雪堆里贮存,贼鸥就整天围着雪堆飞转,用嘴啄雪,试图扒出冻肉。南极鸟儿的生存条件很恶劣,贼鸥的掠夺习性,或许也是对环境的一种适应吧!

虽然贼鸥贼性十足,经常偷吃东西,给科考人员制造麻烦,但它们的存在也为科考队员枯燥、乏味的生活增添了不少乐趣。南极的冬季到来时,极度寒冷,有少数贼鸥会选择在亚南极南部的岛屿上越冬。中国南极长城站周围地区就是它们的越冬地之一。这个时候,贼鸥的生活更加困难,没有巢穴,没有食物,也不远飞,就懒洋洋地待在考察站附近,靠吃站上的垃圾为生,不知不觉中就担当了义务清洁工的工作!可以说,这也是一种"互惠互利"!

74. 滑翔冠军——信天翁

信天翁

　　信天翁是一类大型海鸟,有 4 个属 21 种,也被称为海鹭,栖息于海洋,尤善飞行,有"滑翔冠军"之称。信天翁体长 68～135 厘米,双翼展开 178～350 厘米。白色,翼尖深色;多以土筑巢,并衬有羽毛和草,也有种类不筑巢。一窝单卵,白色。

　　信天翁以超强的滑翔能力而著称于世,被称为"滑翔冠军"。它们的翅膀狭长,长度惊人,便于在气流中逆风飘举和顺风滑翔。信天翁在滑翔的时候,还

信天翁

会巧妙地利用气流的变化：如果上升气流较弱，它们会俯冲向下，加快飞行的速度；如果飞行高度下降，它们又会迎风爬升。近海的低空气流由于受到海岸的阻隔，通常比高空的气流缓慢，信天翁会在两层气流间做螺旋形的飘举和滑翔，可以几个小时不用扇动翅膀。更令人惊奇的是，信天翁居然能一边飞翔一边睡觉，左、右脑还能交替休息。

　　阿岛信天翁和新西兰信天翁目前被列为"极危"；短尾信天翁因人类征集它们的羽毛而几近灭绝，现已被列入《濒危野生动植物物种国际贸易公约》濒危物种；黑背信天翁由于居住的岛屿成为美国的空军基地，只能在军事基地和机场跑道周围营巢。

75. 飞行海盗——军舰鸟

军舰鸟

军舰鸟是一种大型海洋性鸟,全世界有 5 种,即白腹军舰鸟、大军舰鸟、白斑军舰鸟、丽色军舰鸟和小军舰鸟。其中白腹军舰鸟数量稀少,是中国的一级保护动物。军舰鸟的外貌奇特,翅膀细长,展开后可达 2.3 米,雄鸟全身黑色,闪烁着绿紫色的金属光泽,喉囊红色。雌鸟胸和腹部为白色,嘴玫瑰色,羽毛缺少光泽,体型大于雄鸟。军舰鸟胸肌发达,善于飞翔,是世界上飞行最快的鸟。

军舰鸟名字的由来与它们的捕食习性相关。因为军舰鸟的掠夺习性,早期的博物学家给它起名为"frigate-bird"。"frigate"是中世纪时海盗们使用的一种架有大炮的帆船,但在现代英语中却是护卫船的意思。后来,人们干脆简称它们为"军舰"。

在繁殖季节,雄性军舰鸟皱缩的喉囊会膨胀得很大,颜色也变得更加鲜红耀眼,就像一个巨大的红色气球,使本就漂亮的雄鸟更加夺目!事实也证明,喉囊越大越红的雄军舰鸟越易得到雌鸟的青睐。

军舰鸟

军舰鸟翅膀很大,极善飞

翔，但身体较小，腿又短又细，羽毛上没有保护的油脂，不能潜入水中捕鱼，所以它们只能少量捕食一些靠近水面的鱼、水母等；它们还时常在空中飞翔，看到其他种类的鸟捕鱼归来，就凭借高超的飞翔技术突然袭击，迫使这些鸟放弃口中的鱼虾，然后急速俯冲，将下坠的鱼虾据为己有。由于军舰鸟的这种"抢劫"行为，人们贬称它为"强盗鸟"。

76. 海上黑美人——海鸬鹚

海鸬鹚

海鸬鹚是国家二级保护动物,其尾部羽毛呈黑色,泛有绿光,飞行展开时呈扇状,尾羽共计 12 枚。

初次见到海鸬鹚,望着它那双强健有力的"脚",你能想象它们竟然是那么软弱无力,甚至还稍微有点"骨质疏松"吗?正是这两只有点中看不中用的"脚",使得飞翔能力很强的海鸬鹚,行走能力就差强人意了。它们走起路来摇摇晃晃的,非常笨拙。就连伫立休息时,海鸬鹚还需要借助其坚硬的尾部羽毛作为支撑。

每逢 6 月,渤海南部山东沿海的一些岛屿和渤海北部的辽东半岛上便会迎来一群海鸬鹚"黑美人",它们会在这里繁衍生息,哺育后代。它们的巢穴多位于相对隐蔽的悬崖峭壁或者岩穴里,一次产卵量为 3~6 枚。待到幼鸟出世,海鸬鹚便承担起做父母的义务,整日找寻食物喂养幼鸟。海鸬鹚的喂养方式很特别,为了能使幼鸟更好地消化,每次海鸬鹚觅食归来,都尽可能长时间地张大嘴巴,让幼鸟把嘴巴伸进其食道中饱餐那些半消化状的食物。可见,爱的表达方式还真是千奇百怪,无所不有。

海鸬鹚

　　着乌黑色"高档外衣"的海鸬鹚，就像身怀绝技的"侠客"一般，常常成群结队地聚集在一起，好像在商量着它们的内部建设问题。有时候，正值它们专心致志地商讨问题时，一些好奇的小鱼小虾会探出脑袋。这下海面便热闹了，海鸬鹚会立即终止"会议"，纵身起飞，直追猎物，必要时它们会俯身跃入海中死死地"盯着"猎物不放。要知道身为潜水高手的它们可以在海水中停留 1 分钟左右呢，所以被它们盯上的鱼虾，一般都不会有生存的机会了。

　　那么，如果遇到强劲的对手，一只海鸬鹚应对不了怎么办？聪明的它会说着"鸟语"，呼朋引伴，召集自己的"助手"联手应敌。面对如此庞大的侠客团，再凶猛的对手也会被这种庞大阵势"吓破胆"。一旦遭遇入侵，海鸬鹚会急促起飞，顺便将胃中还未来得及消化的食物从黏液囊中反吐出来，这样便可以减轻体重，增加飞行速度。

77. 晨起夕归——红脚鲣鸟

西沙群岛珍珠般洒落在南海中，其中，被誉为"鸟岛"的东岛生机盎然，在这个只有 1.55 平方千米的岛上栖息着野牛、野狗、野猫，还有白鹭、燕子、金雕等很多生物，但是只有红脚鲣鸟才是这里主要的"居民"。当它们与落霞齐飞遮天蔽日时，你才能真正体会到"蔚为壮观"这个词的含义。东岛上抗风桐和羊角树林郁郁葱葱，红脚鲣鸟最爱栖息在上面，远远看去，就像团团白雪压在枝头。除了部分羽毛是黑色外，红脚鲣鸟全身白羽熠熠，头部和颈部还会泛起黄色的光泽，淡蓝色的喙与海洋交相辉映，再配上鲜红色的脚，将热烈与素雅融于一身。如果不是长长的喙，它会被误认为是鸭子，尤其是

红脚鲣鸟

它的脚蹼，让它特别适合在海面上活动，如果不小心跌落在海水中，它会滑动脚蹼，重新起飞。

晨起夕归，红脚鲣鸟恪守生物钟般规律出门和回家。清晨第一缕阳光将它们从清梦中照醒，它们快乐地飞舞鸣叫，飞离岛屿来到海面上，或盘旋，或徐飞，或高翔，一旦瞅准了鱼群，便急速合上双翼，纵身下去，猎捕游鱼。夕阳西沉，无论飞出多远，方向感极强的红脚鲣鸟总会找到回家的路。有经验的渔民能从它的飞行路线和时间中，辨别出天气的变化，认出航行的方向。渔民可以跟随它们，找到鱼虾群集的幸运之地。傍晚，有了红脚鲣鸟，渔民不用再担心迷路，还会满载而归。

像其他鸟一样，红脚鲣鸟也有自己搭建的"家"。它的巢一般建在石滩或者灌木丛中，树枝和海草是它们筑巢的材料。有爱的地方才叫家，筑巢的时候，雌鸟、雄鸟一齐上阵，力气大的雄鸟搬材料，细心的雌鸟来搭巢。有了家，接下来很快就会有"娃"，雌红脚鲣鸟一次只能产一两个蛋，孵化时它不会像其他鸟类那样伏卧在卵上，而是将卵踩在脚下，脚上脉管化的皮肤给卵传递体温。天气很热的时候亲鸟不再孵卵，反而站在卵的旁边，利用自己的身体挡住强烈的阳光，以保持孵化时温度的恒定。小鸟出生后，不能独立生活之前，它的"爸爸妈妈"不会走远，捕了食也不会直接喂给小鸟吃，而是用胃中反刍的细碎食物来哺

喂小鸟。

　　世世代代生存在东岛的红脚鲣鸟，还"赠送"了额外的"礼物"。如果我告诉你红脚鲣鸟为东岛贡献了近 20 吨鸟粪，鸟粪有 1～2 米厚，你会不会吓一大跳呢？这些鸟粪大有用武之地，它含有较多水分，有机质、氮、磷、钾的含量都很高，随着风化和成土过程的发展，鸟粪经脱水、矿化，与珊瑚、贝壳、有孔虫残体碎屑等胶结，形成腐泥状、粒状、块状和盘状物质。这样的鸟粪，只要筛出其中粗骨部分即可以直接施用，是优质的有机肥料。

红脚鲣鸟

　　红脚鲣鸟是典型的热带海洋性鸟类。世界上仅有两个居住地，东岛是其中之一，在 1981 年就被划为以保护红脚鲣鸟为主的自然保护区，它也是我国最南端的自然保护区。西沙的永兴岛也曾像东岛一样是红脚鲣鸟生活的"天堂"，但是由于开发建设，红脚鲣鸟数量大幅度减少。它们是西沙群岛的白色精灵，没有它们，这里就失去了灵魂。如今，东岛成为守护红脚鲣鸟的地方，它的数量已经从原来的 3 万多只增加到 5 万多只甚至更多，这便是一颗颗保护之心的力量。

78. 用唾液筑巢的海鸟——金丝燕

金丝燕

海南省的大洲岛是著名的"燕窝岛",因为有成群的金丝燕生活在这里,把窝筑在幽深曲折的岩洞中。已被列为海洋生态气候保护区的大洲岛是我国为数不多的金丝燕栖息地之一,这里出产的"大洲燕窝"被誉为东方珍品。燕窝富含蛋白质、碳水化合物及钙、磷、铁、镁、钾等矿物质。燕窝不温、不燥、性平,可增强抵抗力,延年益寿,对于体虚气短,精力不足的人,同样具有滋补保健的作用。血燕作为燕窝的一种,营养价值很高。

金丝燕有一个动听的名字,其实它"唱歌"并不动听,长得也不算漂亮,有点像家燕,并且身子比家燕还要小些,上身的羽毛呈黑色或者褐色,带有金丝光泽,下身灰白色,翅膀尖而长,脚爪淡红色,又小又细,四个脚趾都朝向前方。

燕 窝

一般的动物都会选择树枝、枯草、芦苇等来建造自己的小家,但金丝燕不同,它是用自己的唾液筑巢。分泌的唾液经过风吹后就会凝固起来,形成半透明的胶质物,这就是燕窝。每当金丝燕繁殖季节到来的时候，组成家庭的金丝燕会齐心协力共同为自己的小家奋斗。它们选好地址后，就开始筑巢。一般来说，金丝燕夫妻得花上一个月左右的时间来筑窝。初次筑成的燕窝纯净洁白，坚韧而又有弹性，营养价值高，是燕窝中的上品。如果第一次筑的窝被人采去，夫妻两个就要第二次筑窝，这时唾液没有那么多了，金丝燕只好把身体上的绒毛啄下，和着唾液黏结而成，这种窝质量次之，叫做乌燕。

　　并不是所有金丝燕的窝都是可食用的燕窝，能做上等燕窝的种类主要是爪哇金丝燕、灰腰金丝燕等，而海南省的大洲岛居住的主要是爪哇金丝燕，由于人们历年采窝，现在最大群体仅有 60～70 只。

79. 黑面天使——黑脸琵鹭

黑脸琵鹭

黑脸琵鹭,白琵琶身,黑琵琶脸,好像从童话中走出来的自然生灵如今却在退却,这位"黑面天使"是国家二级保护动物,在水禽世界,濒危程度仅次于朱鹮。

若是身临湿地,远远望去,黑脸琵鹭清秀优雅,让人着迷。夏季到来,黑脸琵鹭的后枕部分就长出很长的发状橘黄羽冠,如同挑染的头发。脖子下还"戴"有一个橘黄色的颈圈。它那褐色的喙最为奇特——扁平却长直,前端扩大成奇怪的形状,你说像小铲子也罢,小匙子也行,想象力再丰富些,再瞧瞧,就会发现有些像小型的琵琶,黑脸琵鹭黑色的腿又细又长,再看它的额头、脸、眼周等的裸露部分也都是黑色。怪不得它叫黑脸琵鹭。找食物的时候,它的"小铲子"长喙就派上了大用场。通常情况下,黑脸琵鹭会把喙插进水里,半张着嘴,在浅水中一边涉水一边晃动着头部,寻找鱼、虾、蟹、软体动物以及水生植物,捕到后再把长喙提出水面将食物吞下。

三三两两,或几只,十几只,黑脸琵鹭喜欢群居生活,不管是觅食、休息还是睡眠,不仅和自家兄弟姐妹一起,更多时候是与大白鹭、白鹭、苍鹭、白琵鹭、白鹮等混杂在一起。喜欢群居,并不代表它们喜欢热闹,相反,它们性情安静,也不好斗,从不主动"招惹"其他鸟类,常常在海边潮间地带悠闲地散步。

黑脸琵鹭

　　2013年,在全球黑脸琵鹭普查活动中,福建省黑脸琵鹭数量在中国大陆地区位居第一,占一半以上。 据负责此次全球黑脸琵鹭普查统筹工作的香港观鸟会日前公布的统计数据,2013年全球共记录到2 725只黑脸琵鹭,比上一年多32只。其中,中国大陆地区(包括海南岛)一共记录到363只,中国台湾地区1 624只。在此次普查中,日本、韩国、越南等记录的黑脸琵鹭数量均有所减少。如今黑脸琵鹭已经被列为亚洲各国最重要的研究和保护对象之一,并且拟订了一项"保护黑脸琵鹭的联合行动计划",重要任务之一就是对黑脸琵鹭的繁殖地、迁徙停留地和越冬地加以完全的保护。希望经过大家的努力,黑脸琵鹭能够摆脱数十年前朱鹮曾经出现的厄运,重新繁衍壮大,留下一抹优雅黑白。

80. 海鸟中的四不像——扁嘴海雀

扁嘴海雀

　　在渤海海域，你会发现一种"四不像"鸟。它们的嘴像麻雀，体形似企鹅，脚蹼如鸭，雏鸟羽毛同幼鸡。据专家鉴定，该鸟即为扁嘴海雀。它的嘴型略呈圆锥状，眼周有一圈白色羽毛。

　　在渤海，扁嘴海雀并不稀奇，尤其是在山东庙岛群岛（长岛），终年可见它们的身影。在辽宁沿海，每逢扁嘴海雀繁殖的季节，也能目睹它们的风采。扁嘴海雀直接将卵产于地上，而且每次多为"双胞胎"，这些卵多呈淡黄色或者褐色，上面还布有暗褐色斑点。要想让它们破壳而出，需要雌、雄亲鸟轮流孵化照顾。

　　如同企鹅一般，扁嘴海雀也是出色的游泳健将和潜水高手。似乎在它的生命里，湛蓝色的天空也不再是它唯一的眷恋，汪洋大海倒成了它的新恋人。它常常贴近海面低低地飞翔，好像在仔细端详着恋人的不老容颜，揣摩着恋人的细腻心思。扁嘴海雀在飞翔时，动作十分笨拙滑稽，可谓海鸟界的"喜剧大王"。

只见它伸展着双翅，奋力地、快速地扇动着，显得非常吃力，并且总是飞行一小段距离就落入水中"休憩"一番，好似一只刚刚面世不久的初生雏鸟，跟在母亲背后"蹒跚学步"。

　　闲暇时，扁嘴海雀就在海里游泳嬉戏，时不时捞出一顿美餐。扁嘴海雀很爱干净，在需要下潜时，它会选择一片干净的水域，或者提前用海水把自己清理干净。奇特的是，扁嘴海雀睡觉时，不像其他海鸟那样把头插在翅膀里，而是深深地埋在腹部。更有趣的是，它们是一夫一妻制，一旦结为伉俪，便终身相依为命。若是一方不幸死去，另一方则坚定地独自走完余生。正是因为扁嘴海雀的美丽端庄以及对配偶的忠贞不渝，赢得了当地渔民的尊重和喜爱，把它们视为吉祥之鸟。

第六部分　其他海洋生物

　　海洋生态系统纷繁复杂,令人眼花缭乱的动物、植物、微生物从不同侧面彰显着海洋的浩瀚广博和变化莫测,更有"活化石"般的生物如鲎等依然留存着地球远古的记忆……

　　其他海洋生物,涉及爬行动物、腔动物、棘皮动物、海洋植物和海洋细菌。

　　生活在海中的蛇,它们的毒素10分钟就可置人于死地;四肢像船桨的龟,它们在海中就像坦克一样,无论多么强大的猎手对它们都无从下口;水母是大海中漂浮的花朵，多彩的颜色、柔软的身躯、吹弹可破的皮肤令人流连忘返，但是它们的毒性却堪比眼镜蛇；海参能够把内脏吐出来吸引敌人注意力，自己却逃之夭夭，几个月后便会长出新的内脏器官；海带构成了大海中的森林；还有大海中体型最小、数量最多、生物量最为庞大的海洋微藻和海洋细菌，它们是其他所有海洋生物的食物源泉……

81. 海中毒牙——海蛇

海 蛇

提起蛇,大多数人会产生一种本能的恐惧,尤其是蛇分泌的毒素更是令人不寒而栗。在海中生活的海蛇与陆上的蛇一样能释放可怕的毒液且毒性更加可怕,被称为"海中毒牙"。

在中生代晚期,两栖类动物中的一部分彻底告别水乡,在陆上定居了,从而进化为爬行动物——蛇;另一部分蛇则留在海中,演变成今天的海蛇。 在蛇类演化的早期阶段,地球上曾出现过巨大的海蛇,但只存在了很短的时间就灭绝了,仅留下为数不多的化石。

海蛇一般长 1.5～2 米,躯干略呈圆筒形,体细长,后端及尾侧扁;体色各异。海蛇的鼻孔朝上,有可以启闭的瓣膜,吸入空气后,可关闭鼻孔潜入水下达10 分钟之久;身体表面包裹有鳞片,皮很厚,可以防止海水渗入和体液的丧失。

海蛇分泌的毒液是最强的动物毒。如钩吻海蛇的毒液毒性相当于眼镜蛇的 2 倍,是氰化钠毒性的 80 倍。海蛇毒液对人体的主要损害部位是随意肌,不像眼镜蛇毒液作用于神经系统。海蛇咬人无疼痛感,被海蛇咬伤后 30 分钟甚至 3 小时内都没有明显中毒症状,容易使人麻痹大意。实际上,海蛇毒被人体吸收得非常快,中毒后最先感到的是肌肉无力、酸痛,眼睑下垂,颌部强直,有点像破伤风的症状,同时心脏和肾脏也会受到严重损伤。被海蛇咬伤的人,可能在几小时至几天内死亡。海蛇不像海鳗,它们不会主动攻击人类,只有受到骚扰时才会伤人。

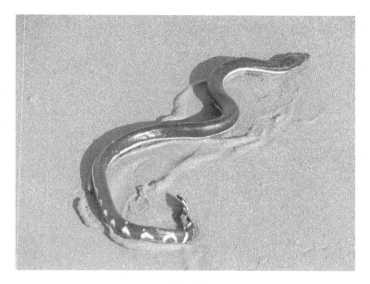

海 蛇

你听说过长蛇阵吗？长蛇阵是海蛇在生殖期出现的大规模聚会现象,海蛇聚拢在一起形成的长蛇阵可绵延几十千米,有的港口有时会因海蛇群浮于水面而使整个港口沸腾起来。完全水栖的海蛇,其繁殖方式为胎生,而能上岸的海蛇依然保持卵生。

82. 地球上最大的海龟——棱皮龟

棱皮龟

你知道地球上最大的龟是什么龟吗？——没错，就是棱皮龟。棱皮龟和蛇同属爬行动物，但是蛇是冷血动物，棱皮龟却是少见的温血动物，从热带到北极地区，它都能在 7 ℃的水中维持 25 ℃的体温。所以它能以海为家，在很多地方都留下过足迹。但是，它还是更喜欢在温暖的地方生活，在我国的东海，像福建、浙江、上海沿岸海域，都可能见到棱皮龟的身影。棱皮龟的头部、四肢和躯体都覆以一层柔软平滑的皮革质皮肤，没有一般龟鳖类所具有的角质盾片，背甲的骨质壳由数百个大小不整齐的多边形小骨板镶嵌而成，其中最大的骨板形成 7 条规则的纵行棱起，棱面凹陷似沟。虽然它的背甲不坚硬，但是腹部却是骨化了的硬甲，有五条纵棱。

身穿"皮衣"，腹部有"护甲"的棱皮龟是龟中个头最大的，算得上是"巨型"龟，堪称"龟中之王"。棱皮龟的体长为 200～230 厘米，体重一般为 100～200 千克。据说最大的体长为 250 厘米，体重达 300 千克（也有达 800 千克的说法），这简直是好几个大力士的体重。棱皮龟龟肉的脂肪比较多，可以用来炼油，它们的卵也可食用，是较好的滋补品。中医传统理论认为棱皮龟龟板、掌、胶，有滋阴潜阳、柔肝补肾、清火明目的功效。

棱皮龟这么重，得吃多少东西呢？它可一点也不挑食，荤素都能吃，鱼、虾、蟹、乌贼、螺、蛤、海星、海参、海藻和海蜇等都吃，甚至连身上有毒刺细胞的水母它都不放过。有趣的是，它的嘴里没有牙齿，那它怎么吃东西？原来它的食道内壁上有大而锐利的角质皮刺，棱皮龟的牙长在食道中，来磨碎食物，然后再进入胃、肠，进行消化吸收。饲养记录表明，棱皮龟在人工饲养池中可以生活11年。

棱皮龟

　　还记得《西游记》中那个驮着师徒四人过通天河的大龟吗？其原型很可能就是棱皮龟。棱皮龟有非常强的划水能力，在它的背上坐上两三个人，它照样可以轻松地游来游去。它之所以能够持久而迅速地在海洋中畅游，还要归功于它像船桨一样的四肢。它的水性好，能四海为家，与它是温血动物有关，这让它能从温带、热带海洋区漫游到寒冷的阿拉斯加和大不列颠群岛等海域，每小时能游14千米以上。另外，棱皮龟还有潜水的本事，在水下停留一昼夜甚至更长都是没有问题的；它的下潜深度也很惊人，竟然能潜到水下1 000多米处。

　　如今，棱皮龟的生存也受到威胁，据美国杜克大学研究小组发表的海龟调查报告表明，在今后20年内棱皮龟有可能灭绝。一方面，棱皮龟经常把过往船只丢弃在海上的塑料袋误认为是水母吞下去，而大量的塑料袋在肠道内堵塞，使它最终因缺乏营养而死亡。据科学家统计，40%多的棱皮龟或多或少都有误食塑料袋的情况发生。另一方面，有的人，比如马来西亚人喜欢吃棱皮龟卵，每当棱皮龟产卵，人们就会去海边挖它的卵，这对棱皮龟家族来说是断子绝孙的行为。棱皮龟已被我国列为国家二级重点保护野生动物，我们所能做的就是尊重每一个生命，保护好棱皮龟，不让悲剧发生。

83. 海龟界的美人儿——玳瑁

玳 瑁

玳瑁可是海龟界的"美人儿"！它的背甲由 13 块棕红或棕褐色的角板平铺镶嵌而成，有光泽，缀有浅黄色小花纹儿，质地坚韧，晶莹剔透，美而不媚，是首饰、雕塑等饰品的绝佳材料，更有祥瑞幸福、健康长寿的象征之意，享有"海金"美誉。就像玫瑰虽美却身有利刺一样，玳瑁也有一张"不饶人"的鹰嘴，还有躯体后部锯齿般的缘盾。它并不像绿海龟一样温顺，而是有点暴躁。在海中游泳非常敏捷，如飞鸟一般，被人追捕时，有时会把人咬伤。

到了繁殖季节，像它的祖先一样，玳瑁也要上岸产卵。玳瑁"走路"可不像在海里那么自如，它特立独行，爬行时左前足和右后足同时行动，所以留在沙滩上的足迹也是不对称的，这和它的"表兄弟"绿海龟、棱皮龟大不一样。不仅"走路"另类，产卵也不按常理出牌，大多数海龟在夜间爬到沙滩产卵，玳瑁则是白天上岸产卵。

如果你想在海中快速找到它，去浅水礁湖和珊瑚礁区看看是个好主意。那里的洞穴是玳瑁的栖息地，不仅舒适安静，而且生活着玳瑁的"美食"——海绵。海绵中含有大量的二氧化硅，也就是制造玻璃的主要材料。这还不足以说明玳瑁的"重口味"，海绵中还含有大量的高毒性物质，如果是别的动物吃了，那么不被毒死，也得丢掉半条命，玳瑁却吃得"津津有味"。也许是因为玳瑁吃了这么多二氧化硅，它的背甲才这样透亮吧。

玳 瑁

玳瑁背甲的美流淌在中国的古史中。东汉乐府诗《孔雀东南飞》中就有"足下蹑丝履，头上玳瑁光"的诗句；唐代女皇武则天曾使用过玳瑁手镯和耳环；宋代人曾仿照玳瑁壳的花纹色泽，烧制出玳瑁斑黑釉瓷；明清时期，上至宫中后妃所戴首饰，下至文人雅士的书房文玩，诸如小插屏、花瓶、香薰、笔筒、笔杆、印盒，乃至歌伎舞女所用的手镯、扇子、脂粉盒等，均有用玳瑁制作者；清朝慈禧太后生前用过的玳瑁梳子、扇把、发卡，以及宫中嫔妃所戴的玳瑁嵌宝石指甲套，如今仍存放在博物馆中供人欣赏。

美具有穿越时间的永恒力量，但却忽视了为获得它而给玳瑁这种海洋生物带来了什么后果。由于人类对玳瑁的过度需求，玳瑁数量持续减少，两个玳瑁亚种的保护现状已被世界自然保护联盟（IUCN）评为极危状态。

84. 似鱼非鱼的活化石——文昌鱼

文昌鱼

文昌鱼俗称扁担鱼或者鳄鱼虫,是一种珍贵的海洋动物。文昌鱼体长3～5厘米,两头尖尖,故又叫做"双尖鱼"。它们体形细长而扁平,活像一条小扁担;体半透明,有光泽,可看到一条条平行排列的肌肉。无鳞,无偶鳍,无脊椎骨;"心脏"只是一根能跳动的腹心管,无任何感觉器官,消化器官没有分化。文昌鱼的繁殖季节为每年的 6～8 月,喜欢生长在温暖、水流缓和、水质沙质较好的海湾。文昌鱼味道鲜美,营养价值很高,蛋白质含量为 70%,碘的含量也较高。

文昌鱼

实际上文昌鱼并不是鱼。它形态结构极为特殊,5亿年前就已存在了,它们是由无脊椎动物向脊椎动物过渡生物的典型代表,因此受到国内外生物学界的高度重视。

弱小的文昌鱼虽无自卫能力,但有惊人的钻沙本领。它们喜欢生活在夹有少量贝壳的粗沙中,便于钻洞和呼吸。平时它们总是把身体后端插入沙中,仅露出前端触须呼吸和觅食。它们白天躲在沙中,夜间出来活动觅食。

随着高密度海堤的兴建以及大面积的海涂围垦,文昌鱼赖以生存的砂质沉积环境遭到严重破坏。此外,海底大量取沙、近海污染和滥捕等因素也破坏了文昌鱼的生存环境,使它们处于濒危状态,因此"活化石"文昌鱼的保护迫在眉睫!

85. 古老的蓝色一族——鲎

鲎

有这样一种海洋生灵，每当春夏繁殖季节，雌体雄体一旦结为"夫妻"便形影不离，肥大的雌体常常驮着瘦小的雄体蹒跚而行，故此，它们又有"海底鸳鸯"的美称。它们就是古老的海洋活化石——鲎。

鲎长相奇特，形似蟹，身体呈青褐色或暗褐色，包被硬质甲壳；身体由头胸部、腹部和剑尾三部分组成。 鲎有四只眼睛：头胸甲前端有两只 0.5 毫米的小眼睛，对紫外光最敏感，只用来感知亮度；头胸甲两侧是一对大复眼，能使物体的图像更加清晰。这一原理被仿生学应用于电视和雷达系统中，提高了电视成像的清晰度和雷达的显示灵敏度。此外，科学家还模仿鲎的复眼结构，试制成一种太阳能收集器，能大幅度提高收集太阳能的效率。

鲎是与三叶虫一样古老的动物，祖先出现在地质历史时期

鲎

古生代的泥盆纪，至今仍保留其原始而古老的相貌，有"活化石"之称。世界上仅有 4 种鲎，分别是美洲鲎、南方鲎、东方鲎（中国鲎）及圆尾鲎。

大部分生物的血液都是红色，鲎的血液却是极为鲜见的蓝色，这是因为它的血液中存在含有铜离子的血蓝蛋白。在这种蓝色的血液中提取的"鲎试剂"，可以准确、快速地检测人体内部组织是否因细菌感染而致病；在制药和食品工业中，可用它对内毒素污染进行监测。科学家也使用鲎血研究癌症治疗。

86. 大海里的星星——海星

诗人说,海星是落入大海的星辰;渔民说,海星是海中的瘟神。海星不像它长得那样温文尔雅,与世无争。海星到底是一种什么生物? 全世界海星有 1 600 多种,中国已经知道的有 100 多种,中国又以黄海的海星数量最多,想了解海星就到黄海来看看吧。

海星是一种棘皮动物,它长得很讨人喜欢,退潮后,你常常可以在海滩上拾到手掌大小的五角海星。它体色鲜艳,几乎每只都有差别,有热烈红,有明媚

海 星

黄,有纯洁白,有高贵紫,它们的身体匀称地从位于中心的体盘部向周围放射出五个腕,每个腕都是身体的一个对称轴。并不是所有的海星都是"五角星",也有"四角星"或者"六角星",有一种海星竟然有 40 个腕。在这些腕下侧并排长着 4 列密密麻麻的管足,这种管足既能捕获猎物,又能用于攀附岩礁。

别看海星外表浪漫,行动缓慢,它可是一种贪婪的食肉动物。它不敢招惹那些游得快的海洋动物,就挑和它一样慢吞吞的贻贝、牡蛎、杂色蛤、海葵、海参、珊瑚、海胆等进行攻击。如果贝类不小心落在海星的"手里",那么海星就会先用腕将贝类环抱住,然后再将腕上的管足使劲收缩,直到把贝壳拉开一条缝。之后,海星就会从嘴中吐出胃,伸进贝壳中,用消化液将贝壳的闭壳肌消化,等贝壳开了,它就大口大口享受贝类鲜美的肉了。

每年 4～7 月份,黄海胶州湾的渔民都要大伤脑筋——海星泛滥,吃蛤蜊,吃鲍鱼。海星这种"破坏分子"还有破坏渔网的恶习。每当渔民满载而归时,却会发现海星们早把网撕坏,把贝类等吃掉了。让渔民头痛的还不止如此,海星不仅吃贝类等,它还吃鱼饵、鱼苗,而且海星的食量很大,据估计,一只海星一天可以损害 20 多只牡蛎,一只海盘车幼体一天吃的食物量相当于它自身体重的一半多。可是,想杀死海星不是那么容易的,因为它有"再生"本领。如果你把海星剁成几段,扔进大海,海星不但不会死,反而会越来越多。这是怎么回

事？海星的每一条腕足都是一个半独立的机体，可以独立进行运动、消化和繁殖，只要带一点中心体盘上的东西，就可以长成一个新海星，有的甚至不带体盘上的东西，也能长成新海星。像砂海星，1厘米长的腕就可以让它长成一个完整的新个体，而海盘车则必须有部分中心体盘的东西保留下来才能再生。为什么海星有如此神奇的本领？据科学家研究，海星一旦受伤，它的后备细胞就会被激活，这些细胞中包含身体所失去部分的全部基因，并和其他组织合作，重新长出失去的腕足或其他部分。

海　星

面对海星的攻击，小动物的逃生办法也五花八门。笨拙的海参，在发现海星向它伸出"黑手"之前就会满地打滚，让海星无处下手，借机逃之夭夭；扇贝的逃生办法也很特别，当海星靠近它时，它会将两片贝壳一开一合地逃走；在礁石上栖息的海葵则会迅速从礁石上滑下，随着海水漂流到安全的地方。

海星这么"顽强"，渔民们该怎么办？为了保护海洋环境，不可能用药物灭杀，只能捕捞，渔民们能采取的措施：一是尽快拖网清除；二是利用诱捕网笼捕捉；三是将捕捞的海星及时运到岸上或找地方掩埋，防止其遇水再生。

沿海居民没有吃海星的传统，一般是将它晒干制粉做成农肥。海星除了做肥料外，还可以做生物防腐剂，因为海星身上有一种特殊物质，能使它死后不招苍蝇。此外,海星还能被开发为防癌药物,这一研究在英国已经开始。另外,海星腕内的卵可以加工成海星黄罐头,幽门盲囊可以加工成海星酱,它们可称得上是色、味、营养俱全。海星体内丰富的胶质,经提炼后可以做药用胶囊;它的体壁上含有的酸性黏多糖,能抑制血栓的形成,是治疗微循环障碍及冠心病、脑血管病的良好药物。海星明胶还可以制成代用血浆,大量输入人体后无毒性反应,因此被称做来自海洋的"血浆"。

87. 海中珍品——海参

海 参

海参，又名"海鼠"、"海男子"。它的外形呈圆筒状，颜色暗黑，浑身长满肉刺，实在不美观，可想而知第一个吃海参的人是需要勇气的，然后方能发现它的外拙内秀、貌丑味美。别看海参其貌不扬，它可是与人参齐名的滋补食品。据《本草纲目拾遗》记载："海参，味甘咸，补肾，益精髓，摄小便，壮阳疗痿，其性温补，足敌人参。"

海参深居简出，只在泥沙地带和海藻丛中觅食。它们的食性也比较奇特，吃的是泥沙、海藻及微生物等。陆地上的一些动物，如青蛙、蛇类等在冬季"冬眠"，而海参则在夏季"夏眠"。因为夏季是海参的繁殖季节，海参繁殖后体质虚弱，需要夏眠静养。在夏眠期间，海参不吃不动，紧紧挨着海底岩石而眠，休养生息。

海参的再生能力很强，在遇到天敌时，会把自己的内脏通过肛门全部排出丢掉，以此迷惑敌人，自己却乘机逃之夭夭。不要担心海参会死掉，它可以活得好好的。几个月之后，其体内又能长出完整无缺的新内脏来。

海参营养价值很高，每百克海参中含有蛋白质 15 克，脂肪 1 克，碳水化合物 0.4 克，钙 357 毫克，磷 12 毫克，铁 2.4 毫克，以及维生素 B1、B2 等 50 多种对人体生理活动有益的营养成分，还包括 18 种氨基酸、牛磺酸、硫酸软骨素、刺参黏多糖多种成分，可促进机体细胞的再生和受损机体的修复，还可以提高人体的免疫力，延年益寿。

海 参

海参是一种古老的动物,但把它作为美食的历史却很短。在中国,最早关于海参的记载出现在三国时期沈莹所著的《临海水土异物志》:"土肉(海参)正黑,如小儿臂大,长五寸,中有腹,无口目。"但真正认识到海参的食用价值却是在明朝。明末姚可成的《食物本草》中说海参"功擅补益,肴品中之最珍贵者也"。

纵使如此,直至清朝初期海参入菜依然没有真正兴盛起来,在《红楼梦》令人眼花缭乱的山珍海味中,就没有海参。到了乾隆时期,大名鼎鼎的美食家袁枚在其《随园食单》中详细描述了海参的 3 种做法,从选料到工序都极其考究,足见他对这一菜品的喜爱与重视程度。大抵是从这时开始,海参菜以它独特的魅力迅速征服了饮食界,从沿海扩展到内陆各地,从皇家御膳普及到酒店饭庄,成为宴席上的"压轴"菜品。

88. 海中刺猬——海胆

海　胆

海胆有一层精致的硬壳,壳上布满了许多刺样的棘,整个海胆就像一只刺猬。棘可以活动,它的功能是保持壳的清洁、运动及挖掘沙泥等。除了棘,一些管足也从壳上的孔内伸出来,用于摄取食物、感觉外界情况等。不同种类的海胆大小差别悬殊,小的仅 0.5 厘米,大的则达 30 厘米。海胆的形状有球形、心形和饼形。海胆分雌、雄,但外形上很难看出来。

海　胆

　　海胆是雌雄异体、群居性的动物,在繁殖上,有一种奇特的现象,就是在一个局部海区内,一旦有一只海胆把生殖细胞,无论精子或卵子排到水里,信息就会像广播一样传给附近的每一个海胆,刺激这一区域所有性成熟的海胆都排精或排卵。这种怪异的现象被形容为"生殖传染"。

　　海胆可食用、药用。但是不少种类的海胆是有毒的。例如,生长在南海珊瑚礁间的环刺海胆,它的粗刺上有黑白条纹,细刺为黄色,在细刺的尖端生长着一个倒钩。它一旦刺进人的皮肤,毒汁就会注入人体,细刺也就断在皮肉中,使皮肤局部红肿疼痛,有的人甚至出现心跳加快、全身痉挛等中毒症状。

89. 海洋童话世界——珊瑚

珊　瑚

　　还记得儿时看过的动画片里美丽的小鱼是如何在珊瑚间穿梭嬉戏吗？在这美丽的海底童话世界中,珊瑚就是它们最华丽的宫殿。

　　珊瑚虫是一种腔肠动物,身体呈圆筒状,有 8 个或 8 个以上的触手,触手中央有口。珊瑚多群居,死后结合成一个群体,形状像树枝,也就是我们所说的珊瑚。无数珊瑚虫尸体腐烂以后,剩下群体的"骨骼",珊瑚虫的子孙就一代代地在它们祖先的"骨骼"上面繁殖,形成了各种各样的珊瑚。

　　不同的海域,珊瑚的种类、数量都有明显的差别。不同的珊瑚在颜色、形状等方面也各有不同,可谓千姿百态、色彩缤纷。珊瑚中有一种特殊的造礁珊瑚,生活在热带和亚热带浅海中,大量的造礁珊瑚经年累月的积累,逐渐形成了珊瑚礁和珊瑚岛。中国南海的东沙群岛和西沙群岛,印度洋的马尔代夫岛,南太平洋的斐济岛以及闻名世界的大堡礁,都是由小小的珊瑚虫建造的。

　　大堡礁是世界上最大的珊瑚礁群,纵向断续绵延于澳大利亚东北岸外的大陆架上。在大堡礁,有 350 多种珊瑚,形状、大小、颜色都极不相同。珊瑚礁千姿百态,有扇形、半球形、鞭形、鹿角形、树枝和花朵形。珊瑚栖息的水域颜色从白、青到蓝靛,珊瑚有淡粉红色、深玫瑰红色、鲜黄色、蓝绿色,异常鲜艳。各式各样的鱼、软体动物、海龟等海洋生物穿梭其中,热闹非凡,宛如童话世界。

　　珊瑚礁生态系统在自然界中占有很重要的地位,但是,现在珊瑚礁正面临着重大的危机。海水养殖、过度捕捞、气温变暖、污染等原因,导致全球珊瑚的大量死亡。珊瑚大量死亡带来的海洋生态灾难是可怕的。珊瑚礁生态系统是海岸的生态保护屏障,它可以消解海浪的冲击,保护海岸带不被海水侵蚀;它还能维护海洋生物多样性,为渔业生产提供资源。如果不采取保护措施,更多的大型珊瑚将会灭绝。

珊　瑚

90. 绚丽的海洋之花——海葵

海 葵

如果说海底也有美丽的花朵，那么这些花就一定是海葵，它那绚丽多姿的色彩，变化多端的形态，比陆地上的名贵花卉都毫不逊色，而且还多了一种动态美。海葵虽然形似植物，但它其实是一种低等动物。

海葵共有1 000多种，栖息于世界各大海洋，形态各异，绿的、红的、白的、橘黄的，有些还具有斑点、条纹等等，绚丽无比。色彩除了海葵本身的色素，还来自其共生藻。这些共生藻不仅使海葵大为增色，而且为海葵提供营养。

海葵身体没有骨骼支撑，构造简单，呈辐射对称，形似花朵；中央为口，周围有触手，数量十几个至上千个不等，一般按6的倍数排成多环。触手上布满刺细胞，用来御敌和捕食。大多数海葵的基盘用于固着，有时也能做缓慢移动。海葵是捕食性动物，食物包括软体动物、甲壳动物和其他无脊椎动物甚至鱼等。

海葵绚丽的外表极具迷惑性，许多缺乏经验的小鱼、小虾常因好奇而接近，却常常

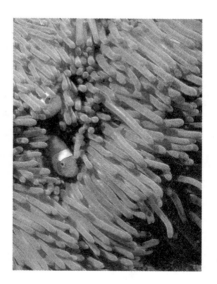

海 葵

被海葵快速收缩的触手所擒获,然后被触手里的刺细胞毒杀而死,成了海葵的盘中之物。 但是,海葵会允许一种叫做双锯鱼的小鱼自由出入并栖身其触手之间。双锯鱼,也称小丑鱼,缺少有力的御敌本领。它们以海葵为基地,接受海葵的保护,同时也为海葵引来猎物,互惠互利,各得其所,这种关系称为共生。

除双锯鱼外,与海葵共生的还有小虾、寄居蟹等其他动物。据科学家实验,把海葵的共生者全部取走,海葵的活动就大大降低甚至停止,不久,蝴蝶鱼就会纷纷游来把海葵吞食干净。

海 葵

一般情况下,海葵会固定在某个地方生活,有时会进行缓慢的移动。但是有一些海葵,它们把自己固定在寄居蟹上,搭着便车到处"旅游"。

一些深海探测研究人员对美国加州蒙特里杰克海湾深达 3 000 米的海域进行科学考察时,在一具已经腐烂的鲸尸上面发现了一种白色的海葵,经科学家研究命名为皮尔斯海葵。皮尔斯海葵主要以鲸尸腐肉和鲸骨的分解物为食。研究这种海葵对揭示深海生态系统的物质循环有着重要的意义。

91. 唯一可食用的水母——海蜇

海 蜇

海蜇是水母的一种，是唯一可食用的一种水母。海蜇最喜欢半咸半淡的泥沙底质的河口水域，只要选好了居所，它们便终生在那里漂来漂去，不离不弃。在这里，海蜇终日用它们的"玉体"到处装饰点缀。在渤海海域，要想见到这些忠贞的精灵，去辽东湾海域方是上策。辽东湾海域一直以盛产海蜇出名，在20世纪80年代，它是国内唯一能形成海蜇渔汛的地区，是全国最大的主产区。辽东湾北部近海海域的大型水母种类主要有沙海蜇、白色霞水母和海月水母。其中，海蜇和沙蜇是优势种。

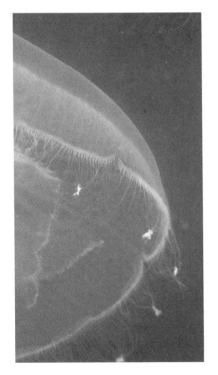

认真审视一下海蜇吧。它们形如蘑菇头的部分叫做"海蜇皮"，"海蜇皮"是一层胶质物，营养价值较高；而其伞盖下像蘑菇柄一样的口腔与触须便是"海蜇头"，"海蜇头"稍硬，营养胶质与"海蜇皮"相近。"海蜇头"及"海蜇皮"都有化痰、软坚、降压、润肠等功能。从海蜇中提取的水母素有抗癌、抗菌、抗病毒的作用，适合肿瘤患者及感染者食用。如果头痛不止的话，可以将海蜇皮贴在太阳穴上止痛；将海蜇皮贴在膝盖上，可以祛风湿、止痛。

海蜇看上去很柔弱，但其实它"外柔内刚"，因为它们拥有属于自己的"秘密武

海 蜇

器"——刺丝囊内的毒液。海蜇的毒素由多种物质组成，一旦被海蜇触伤，便会红肿热痛、表皮坏死，并且会出现全身发冷、烦躁、胸闷、伤处疼痛难忍等症状，严重时可导致呼吸困难、休克进而危及生命。

我国是世界上最早食用海蜇的国家，早在晋代张华所著的《博物志》中就有相关记载。外形轻柔的海蜇，味道相当鲜美，口感清脆，别具一番风味。如果在食用海蜇时，能够搭配一下别的食材，那味道更佳，营养更全。譬如，将滋阴润肠、清热化痰的海蜇与健胃消食、养肝明目的胡萝卜和瘦猪肉一起煨制，会打造出一份消痰而不伤正、滋阴而不留邪、老少皆宜的靓汤。此外，也可以海蜇与猪血、海蜇与荸荠、海蜇与红枣及红糖搭配食用。海蜇富含蛋白质，然而蛋白质与单宁相遇时，会结合为不易消化的沉淀物，不仅会阻挠营养物质的吸收，而且会刺激肠胃，出现腹痛，甚至肠道梗阻。所以在食用海蜇时，应该避免食用含单宁较多的水果，如柿子、石榴、山楂、葡萄等。

92.地球的肺——红树林

红树林

红树林是一种很特殊的生物群落,对自然环境有重要的调节作用。红树林中的树木不是单一的,往往由几种组成,如红树科、海桑科、马鞭草科等,其共同特点是具有一定的耐盐性能。

红树生长在海水中不怕涝,叶片上的排盐腺可排除海水中的盐分。同时它们革质的叶子能反光、叶面的气孔下陷有绒毛,在高温下能减少蒸发,因而又具有耐旱的生态特征。红树植物除具有支撑根外还有呼吸根。呼吸根,顾名思义,这些根起到呼吸作用。在沼泽化环境中,土壤中空气极为缺乏,为了适应环境,其呼吸根极为发达。呼吸根有的纤细,其直径仅有 0.5 厘米,有的粗壮,直径达10?20 厘米。红树植物板状根由呼吸根发展而来。板状根对红树植物的呼吸及支撑都有利。红树植物根系的特异功能,使得它在涨潮被水淹没时也能生长。红树植物以如此复杂而又严密的结构与其生长的环境相适应,使人惊叹不已。

红树林是陆地过渡到海洋的特殊森林,其作用堪比地球的肺。红树林生态系统是国际上生物多样性保护和湿地生态保护的重要对象。在我国红树林主要分布在广东、广西、台湾、海南等地。海水涨潮时,红树林植物的树干就会被海水淹没,只能看见露在海平面上枝叶茂盛的树冠;而落潮时,则形成了一片绿油油的海滩森林,翠叠绿拥。茂密的红树林不仅能够抗拒海浪对海岸的侵蚀,而且可以扩展海岸、调节热带气候,同时还可以滋养鱼、虾,集群飞翔的各种海鸟、神出鬼没又颜色艳丽的招潮蟹、活蹦乱跳的弹涂鱼与红树林共同组成了一幅生机勃勃的美丽画卷!

红树林

　　红树林的生长环境比较特殊，松软的泥土以及海水的涨落很容易把种子冲走，不适合种子萌发。经过长期演变，红树在春、秋两季开花结果后，果实并不落地发芽，而是在母树上继续吸收大树的营养，萌发长成"胎儿"幼苗。"胎儿"成熟后，带着小枝叶的种子就会脱离大树，一个个往下跳，散落到海滩中。随着海水到处漂流，遇到合适的地方，就安家扎根，像其他植物一样正常生长。由于繁殖方式特殊，好像哺乳动物怀胎生小孩一样，所以人们称红树为"会生小孩"的树。

　　我国是红树林分布的北缘国家，并非红树林最理想的生长地，红树林能在我国东南沿海生长，实属不易。近几十年来，我国东南沿海的红树林遭受了严重的人为破坏。20 世纪 90 年代至今，人类活动日益多样化、复杂化，红树林面积正不断减少，若不警醒并严加管理，红树林就有灭绝的危险。

93. 绿色海潮——浒苔

浒　苔

　　浒苔是一种大型绿藻,约有40种,在中国,常见种类有缘管浒苔、扁浒苔、条浒苔,分布广泛,生长在中潮带滩涂、石砾上。

　　由于全球气候变化、水体富营养化等原因,近几年海洋浒苔绿潮频频暴发,阻塞航道,破坏海洋生态系统,严重威胁沿海渔业、旅游业发展,人们不得不耗费大量的人力物力进行清理。

　　目前处理浒苔的基本办法是将其加工成食物或动物饲料,但仍然无法消耗大量的浒苔,达不到治理污染的目的。科学家通过实验,将浒苔成功转化后制成生物质油,浒苔这一污染的"元凶"来了个彻底的大变身,有望成为一种制造新能源的绝佳原材料。据介绍,在特定条件下,1吨浒苔可制成230千克生物油,可以作为低级燃料直接燃烧,也可以作为化工原料。

94. 海中碘库——海带

海 带

海带,又名昆布、江白菜,是褐藻的一种,形状像带子,故名。海带同紫菜一样,也是一种普遍的海洋蔬菜,因含有大量的碘质,有"碱性食物之冠"的称号。在油腻的食物中搭配海带,不仅可减少脂肪在体内的积存,还能增加人体对钙的吸收。海带干制后,所含的植物碱经风化会在表面自然形成一层白霜,不要误以为是霉变。其实,这种白霜不但无毒,还有利尿消肿的作用。营养学家认为,海带中所含的热量较低、胶质和矿物质较高,易消化吸收,抗老化,吃后不用担心发胖,是理想的健康食品。日本人自古以来爱吃海带,将它誉为"长寿菜"。据联合国卫生组织统计,日本妇女几乎不患乳腺癌,主要原因是食海带多。

海带汤

在韩国，产妇都要喝海带汤，唐代类书《初学记》中有"鲸鱼产子后就吃海带，是为了治愈产后的伤口，高丽人看此情景后就开始给产妇喂海带了"的说法，这一习俗的由来还与一个故事有关。

话说从前海边住着一对打鱼的夫妇，小两口勤劳恩爱，盼着有个孩子。后来，妻子怀了孕，夫妻俩满怀喜悦地等着孩子的降生。哪曾想分娩时妻子的肚子却疼得非常厉害，虽然最后转危为安，孩子生下后却没有奶水，求了很多偏方都没有作用。由于只能吃粮食，孩子的身体长得很不结实，夫妇俩也整日愁眉不展。两年后，妻子又怀孕了，但由于上次生产留下的阴影，夫妻二人没有了从前的喜悦。有一天，渔夫像往常一样出海捕鱼，却碰到一条大鲸鱼游过来。只见鲸鱼在水里游着游着便不动了，不一会儿竟生下了一条小鲸鱼。生下小鲸鱼之后，大鲸鱼立即游到浅滩大口大口地吞食起海带来，然后从尾部排出一团团污血，小鲸鱼也贴到妈妈的身上吸起奶来。渔夫看得目瞪口呆，却也受了启发，鱼也不捕了，赶紧采了满满一船海带回家。第二个孩子生下时，渔夫煮了满满一锅海带。说来也怪，妻子吃下海带后，不多会儿淤血便排出来，肚子不疼了，乳汁也下来了，母子都健康平安。从此每逢有人坐月子，两口子便向人家讲说喝海带汤的好处，朝鲜族产妇吃海带的习俗也一直保留到今天。

其实，喝海带汤有好处是有科学根据的。海带含有丰富的钙和碘，它可以收缩产后膨胀的子宫，并且还可以造血净血，促进血液循环，所以它是一道适合产妇的健康餐。值得提醒的是，任何事物都是"过犹不及"，海带虽好，但孕妇等不宜盲目多吃，因为碘过多会引起甲状腺功能障碍。由于母亲坐月子时经常喝海带汤，所以对韩国人来讲，海带汤象征"出生之日"，海带汤也按惯例成了生日之汤。

95. *海洋蔬菜——紫菜*

紫 菜

著名的《自然》杂志上有文章称,科学家最新研究发现,只有日本人才能消化包寿司的紫菜并获取能量,而北美人就没有这种能力,或者说,日本人的胃天生就是为寿司而生的!因为很久很久以前,紫菜就成了日本人饮食的一部分,那时没有无菌消毒,于是人们吃紫菜时不可避免地吃进了紫菜上的海洋微生物,肠道从此也就携带了能分解海藻的遗传基因,并具备了消化紫菜获取能量的能力。

紫菜也叫做索菜、子菜、甘紫菜、海苔,是一种营养丰富的食用海藻。由于它干燥后呈紫色,再加上可以入菜,因而得名"紫菜"。日本、韩国把紫菜叫做"海苔"。 紫菜营养丰富,尤其是含碘量很高,1000多年前就上了人们的餐桌,到现代它还是人们预防高血压、癌症、糖尿病等的健康食品,被誉为"神仙菜"、"长寿菜"、"维生素宝库"。我们在超市常见的那种质地脆嫩、入口即化的美味海苔就是将紫菜烤熟再添加调料做成的。紫菜的种类很多,常见的有坛紫菜、条斑紫菜和圆紫菜三种。紫菜的消费大国都在亚洲,日、韩两个国家的很多人都将紫菜当成生活中不可缺少的食品,如我们最熟悉的日本的紫菜寿司和韩国的紫菜包饭。

紫菜有点像韭菜,长成后可以反复采割:第一次割的叫头水紫菜,第二次割的叫二水紫菜,以此类推。人们以采集时间的先后来判断紫菜的质量。头水紫菜特别细嫩,口感顺滑,颜色乌黑,营养最为丰富;二水紫菜质量比头水稍逊色;

三水紫菜是紫菜好坏的分水岭；四水紫菜质量比较差。超市里卖得比较好的紫菜一般是三水或四水的，差的就是七水或八水的了。

紫菜养殖

中国汉代以前就有食用紫菜的记载，北魏贾思勰所著的农书《齐民要术》中，已提到"吴都海边诸山，悉生紫菜"。潮汕因为濒海，采收和食用野生紫菜的风气古已有之。李时珍曰："紫菜生南海中，附石，正青色，取而干之，则紫色。"到元代时，汕头南澳岛的名特产"南澳紫菜"甚至出口外销了。明代笔记著作《五杂俎》更是把紫菜与荔枝、蛎房、子鱼一起，作为福建的"四美"。史书还记载"浪常粗则产量丰，浪常平则寡"，即越是海面浪大的地方，紫菜产量越大。在自然条件下，采紫菜是一件充满危险性的工作。采收者需要腰间绑着绳索沿崖壁下到礁石间工作，如果巨浪打来，上面的人就要迅速地把绳索拉起；拉得太迟或者绳索断了，"不被淹毙亦成荠粉矣"，以至至今沿海一带仍然流传有"浪险过拍紫菜"之说。300多年前，福建地区的人们已懂得用洒石灰水或放竹帘等方法繁育紫菜，食用也普及至内地。20世纪50年代，科学家研究出紫菜孢子的培育方法，紫菜实现了大规模的人工养殖。紫菜虽产于海中，但晒干后可长期贮藏。由于食用普遍且价格低廉，紫菜成了一种走入千家万户的"海洋蔬菜"。

96. 海洋琼脂——石花菜

石花菜

　　石花菜是红藻的一种，在中国各大海区均有分布，它生长在浅水潮间带的礁岩上，颜色有紫红色、棕红色、淡黄色等，因为形状如珊瑚，所以也称草珊瑚或琼枝。除此之外，石花菜还有许多别名，渤海沿岸叫牛毛菜、冻菜，福建则简称"石花"或"红丝"。退大潮时，露出水面的石花菜远远望去好似束束紫红色的珊瑚花，随着潮汐的流动摇曳，别有几分韵味。

　　刚采的石花菜不能直接食用，必须经过阳光曝晒和反复浸漂，待到石花菜从黑红色退成黄白色半透明时才能食用。中医认为石花菜能清肺化痰、滋阴降火，尤其有解暑功效。将石花菜用文火慢熬，熬成的汤汁冷却后就成了大受欢迎的海凉粉，通体透明，犹如胶冻，清爽可口。

　　石花菜富含胶质，是提炼琼脂的主要原料。琼脂又叫做洋菜、洋粉、石花胶，属于纤维类食物，是一种重要的植物胶，可用来制作我们所喜爱的布丁、果冻、茶冻、咖啡冻等。

97. 海中美容菜——裙带菜

裙带菜

　　裙带菜，属于褐藻门翅昆布科。裙带菜是温带性海藻，有"海中蔬菜"的美誉。在渤海一带，裙带菜适宜生长在风浪不大、矿质养分较为丰富的渤海湾海域中，固着在 1 ～ 4 米水深的岩石上。大连是中国裙带菜原料的主产地，其产量占全国总产量的 80％左右。

　　裙带菜是一种大型的经济海藻，藻体分为固着器、柄部和叶片三部分。其叶片呈羽裂状，既像破损的芭蕉叶，也像小女孩衣服的裙带。一般说来，植物的营养都是通过其根部获取的，但是对裙带菜来说，其根部的主要功能仅仅是起固着作用，其所需的钙、氮、磷等营养元素的吸收主要是靠它的叶片的裂叶部分完成的。裙带菜的内部结构包括表皮、皮层和髓三部分。

裙带菜

　　裙带菜又被称作聪明菜、美容菜和健康菜，想必体内一定富集着不少营养成分。的确，裙带菜中的粗蛋白质、精脂肪、糖类、灰分、维生素、钙、碘、锌等营养物质都很丰富。要知道，裙带菜的钙含量是号称"补钙之王"的牛奶的 10 倍，其锌含量是号称"补锌能手"的牛肉的 3 倍。经常食用裙带菜，可清理肠道、滋养皮肤、延缓衰老，也可有效降低血液中的胆固醇，防止脑血栓的发生。

98. 海洋中药材——蜈蚣藻

蜈蚣藻

陆地上的"百足虫"蜈蚣毒性剧烈,可谓"五毒之首"。在东海也有一种借用了它的名字的海藻叫蜈蚣藻,不仅没有毒性,还能清热解毒,治蛲驱蛔,早在我国古代就把蜈蚣藻当做一种海洋中药材使用了。

蜈蚣藻是大型红藻的一种,高能达到20～30厘米,在红藻中算得上"巨人"了。你还可以叫它海赤菜、冬家烂、膏菜等。它通体紫红,胶质、黏滑,丛丛生长,那些成熟了的囊果如颗粒般长在身体表面。如果你想一睹蜈蚣藻的真容,最好到东海海域潮间带的泥沙碎石上寻找。浙江沿海水质肥沃,舟山的蜈蚣藻生长尤为茂盛,紫红色的蜈蚣藻在海水的映衬下色彩浓郁。在我国台湾沿海,潮间带以下至终年被海水覆盖的亚潮带均分布有蜈蚣藻。

蜈蚣藻像其他海藻一样,也含有比一般陆地植物更加丰富的矿物质、维生素、微量元素等营养物质。除此之外,它还含有一种蜈蚣藻多糖,这种多糖物质有抗肿瘤、抗病毒、抗氧化、抗炎、杀虫及增强免疫力等生物活性。虽然这些活性物质的详细作用机理还需要专家进一步研究,但蜈蚣藻有自己的优势——它与合成药物相比毒副作用小,并且资源丰富、容易采集、成本低,开发成健康食品或药物的希望很大。

99. 化解能源危机的钥匙——海洋微藻

　　海洋微藻是指一些个体较小的单细胞或群体的海洋藻类。它们种类繁多，广泛分布于陆地、海洋，目前有2万余种，如绿藻、蓝藻、硅藻、甲藻等。海洋微藻都是光合作用度高的自养性植物，是海洋生态系统中的主要生产者，产生的代谢物种类繁多，细胞中含有蛋白质、脂类、藻多糖、β-胡萝卜素、多种无机元素等高价值的营养成分。

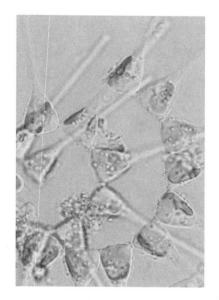

拟星杆藻

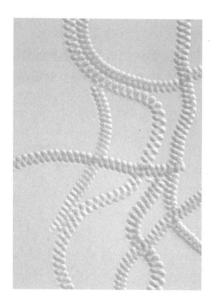

螺旋藻

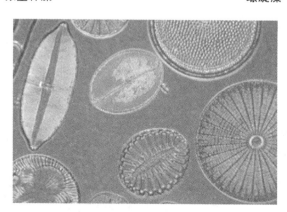

硅藻

　　波多黎各有个神奇的海湾，那里的海水在白天看来和别处无异，平静而温暖，但是到了晚上，奇迹就发生了：一旦有船驶入海湾，船的四周就亮起蓝莹莹的光，像灯光一样明亮。这个海湾被称为生物荧光海湾。全世界只有 5 个此类地方，3 个在波多黎各，2 个在澳大利亚。造成海湾发光的是一种叫做鞭毛藻的微藻。据说，这个海湾里每升水中有大约 270 万个这种藻类个体。

海藻经过生物冶炼可开发出生物柴油，直接用于工农业和交通领域，这听起来似乎不可思议，但却是事实。这些海藻是一类富油微藻，能代谢产油。有专家认为，海洋微藻的能源化利用，有望成为"后石油时代"破解能源危机的一把钥匙。

利用藻类生物质生产液体燃料，对缓解人类面临的粮食、能源、环境三大危机有着巨大的潜力，对于减少对石油的依赖、保证国家能源安全具有深远意义。

100. 不可或缺的生物——海洋细菌

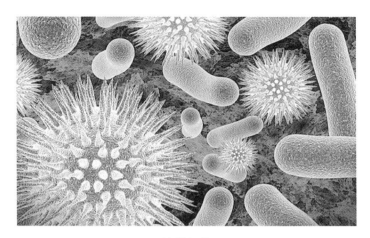

海洋细菌

海洋细菌是一类生活在海洋中的不含叶绿素和藻蓝素的原核单细胞生物，是海洋微生物中分布最广、数量最大的一类生物，有球状、杆状、螺旋状和分支丝状等形态。根据生理类群不同，海洋细菌可分为自养和异养、光能和化能、好氧和厌氧、寄生和腐生以及浮游和附着等类型。

海洋细菌在海洋生态系统中的作用巨大！在海洋生态系统中的作用：当海洋生态系统的动态平衡遭受某种破坏时，海洋细菌能调整和促进新动态平衡的

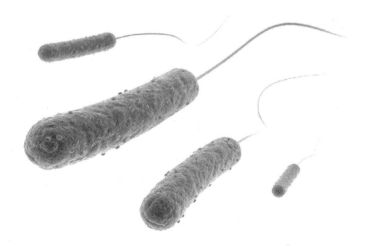

海洋细菌

形成和发展。在海洋氮循环中的作用：固氮菌能进行固氮作用，是海洋中硝酸盐的主要来源。反硝化细菌在一定条件下影响海洋中可利用状态的氮。在海洋磷循环中的作用：细菌分解海洋动植物残体，并释放出可供植物利用的无机态磷酸盐。磷也是海洋微生物繁殖和分解有机物过程所必需的因子。在海洋食物链中海洋细菌多数是分解者，有一部分是生产者，因而具有双重性，参与海洋物质分解和转化的全过程。如果没有海洋细菌，海洋的生物链系统将面临崩溃。